Liebe Mathe-Fans und alle, die es noch werden wollen!

Es ist eine ganz ausgezeichnete Idee, sich vor Schulbeginn noch einmal die Inhalte des letzten Jahres ins Gedächtnis zu rufen: So beginnst du fit und ganz auf der Höhe deines Wissens
Weißt du schon, wie **das Ferienheft Mathematik aufgebaut ist?**

W0209652

Aufgaben
10 Doppelseiten mit 10 Themen stehen für 10 Tage (zwei Arbeitswochen) mit etwa Arbeitszeit. Du könntest auch in 20 Tagen je eine halbe Stunde arbeiten oder in 30 Tagen … Aber das ist schon eine Mathematikaufgabe.
Am letzten Tag alles machen – das ist keine gute Idee und bringt wenig Lernerfolg. Aber das weißt du vermutlich auch schon, hoffentlich nicht aus eigener Erfahrung ;-)
Die Aufgaben sind so ausgesucht, dass sie die wesentlichen Inhalte der 2. Klasse abdecken.

Rätselspaß
Am Wochenende gibt es Vergnügliches: Rätselaufgaben, Denksport und interessante Fragen versüßen dir zwei Wochenenden.

Wie kannst du dich überprüfen?
Hake in der Kontrollleiste am Ende jeder Doppelseite die erledigten Aufgaben ab, so siehst du deine Fortschritte. Ab der Seite 26 finden sich die Lösungen und teilweise auch Rechenwege.
Kontrolliere nun, ob du richtig liegst: Dann kannst du mit einem zweiten Hakerl die Aufgabe komplett abschließen. Wenn du Fehler gemacht hast, studiere den Lösungsansatz und probiere die Aufgabe am nächsten Tag noch einmal. Hast du sie jetzt geschafft? Dann hake ab!

Mit dem Ferienheft Mathematik gelingt dir sicher ein guter Einstieg in die 3. Klasse. Ein interessantes und erfolgreiches Schuljahr wünschen dir sehr herzlich

Emmerich Boxhofer, Franz Huber, Brigitta Panhuber und Ulrike Lischka

Inhaltsverzeichnis

Aufwärmen

1 Kreise alle Zahlen ein, die nur durch 1 und durch sich selbst teilbar sind:

24 11 19 51 5 100 9 7 21 6 3

17 30 52 34 72 35 18

Diese Zahlen heißen ______________________.

Üben

2 Schreibe je drei Zahlen in jede Figur, die durch den angegebenen Teiler teilbar sind:

3 | 5 | 9 | 10 | 12 |

3 Füge in die Tabelle das Zeichen | oder ∤ ein:

Teiler	2	3	4	5	6	9	10	25
4 581								
12 640								
1 350 000								

4 Zerlege folgende Zahlen in Primfaktoren:

a) 35 b) 80 c) 32 d) 210

5 Gib alle Primzahlen zwischen 30 und 50 an und addiere sie:

6 Schreibe die nächsten acht Vielfachen von 9 in die Rechenschlange:

7 Welche dieser dreistelligen Zahlen ist durch 7, 8 und 9 teilbar? Kreise sie ein und begründe:

404 504 514

8 Beginne mit der Aussage in der gelben Sonne. Entscheide, ob sie richtig oder falsch ist, und schreibe den Buchstaben daneben als ersten Lösungsbuchstaben auf. Arbeite bei der angrenzenden Sonne weiter. Wie lautet das Lösungswort?

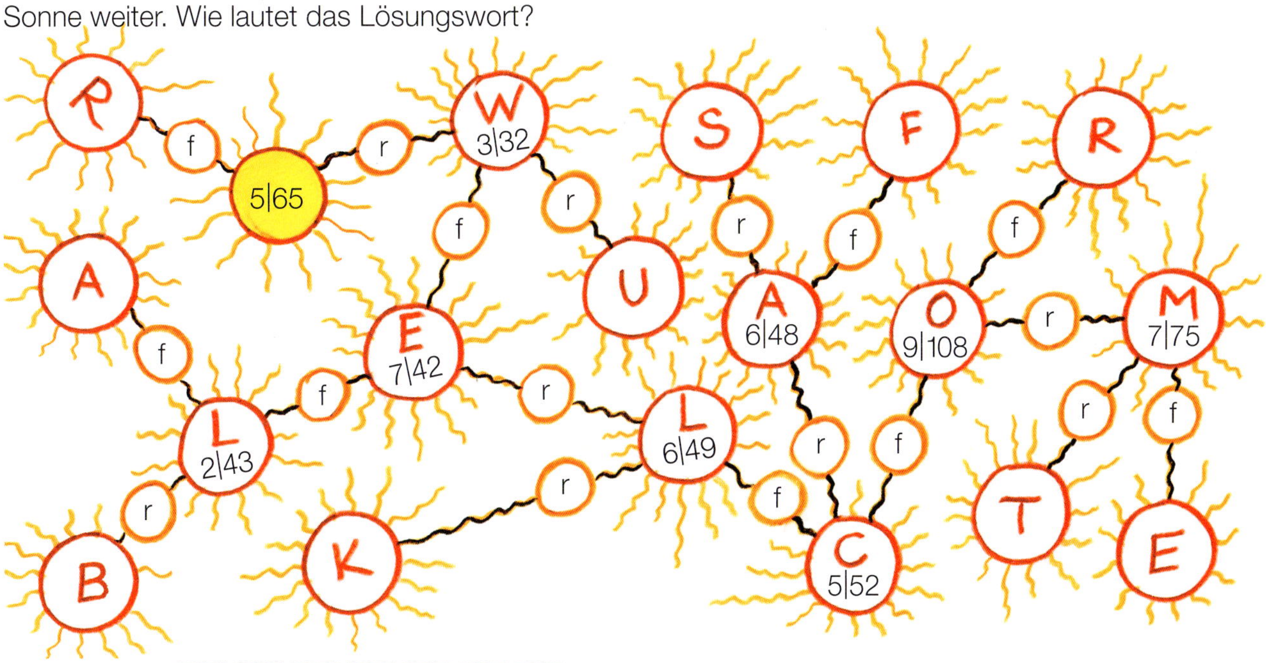

Lösungswort: ______

9 In einem Hafen liegen vier Charteryachten, sie verlassen am gleichen Tag den Hafen. Die erste macht 4-Wochen-Segeltörns, die zweite kehrt alle 8 Wochen in den Hafen zurück, die dritte alle 12 Wochen und die vierte alle 16 Wochen.

Wann werden die Yachten das erste Mal wieder in diesem Hafen zusammentreffen?

Urlaub am Meer

... zum Schluss eine Nuss

10 In einer ägyptischen Pyramide entdeckte man die Zahl 2 520. Diese Zahl ist durch alle ganzen Zahlen von 1 bis 10 ohne Rest teilbar. Vielleicht hat sie diese Eigenschaft so berühmt gemacht.

Kannst du zeigen, dass 2 520 das kleinste gemeinsame Vielfache der ersten zehn Zahlen ist?

Und weißt du, wie die ägyptischen Zahl- und Schriftzeichen genannt werden?

Kreuze an

Aufgabe	1	2	3	4	5	6	7	8	9	10
erledigt										
kontrolliert										

Aufwärmen

1 Berechne, gib die Rechenarten an und male die Kästchen in den passenden Farben an. Wiederhole dazu die Begriffe bei verschiedenen Rechenarten:

______

☐ + 1,2 = 3,6

______

45 − 3,5 = ☐

______

7,2 · ☐ = 72

______

16,2 : ☐ = 8,1

Subtrahend | Summand | Differenz | Minuend | Faktor | Dividend | Divisor | Produkt | Quotient | Summe

Üben

2 Berechne die Summe oder die Differenz:

a) 20,6 + 45,2 = ______
17,1 − 5,7 = ______

b) 12,1 + 9,3 = ______
2,85 − 0,14 = ______

c) 23,9 + 22,2 = ______
27,2 − 0,95 = ______

3

a)

2	7,	3	4	
	9,	5		
7	8,	2		

b)

	6	2	8,	3	9
			5,	2	8
1	6	0	3,	2	

c)

	3	8,	2	5
−	2	9,	8	1

4 Ergänze die Multiplikationstabelle, rechne im Kopf:

a)

•	0,1	0,4	0,7	0,01
3				
10				
5				

b)

•	0,1	0,2	0,4	0,01
7				
100				
25				

5 Ergänze die Rechenkette:

38,4 : 2 → ☐ : 3 → ☐ : 2 → ☐ : 8 → ☐

6 Ich bin 1,54 m groß. Meine Freundin Leonie ist um 9 cm größer. Wie groß ist Leonie?

7 Benjamin wiegt um 12,4 kg weniger als der 49 kg schwere Luca. Wie viele Kilogramm bringt Benjamin auf die Waage?

8 Ergänze die Rechentürme:

a) Additionsturm

5,2	4	2,5	7,2	3

b) Subtraktionsturm

10	4	2,5	2	1,8

9 Bestimme das Produkt oder den Quotienten, rechne vorher immer eine Überschlagsrechnung (ÜR):

a) 34,8 · 25,1 = ____________ ÜR ______________________________

b) 107,52 · 59,3 = ____________ ÜR ______________________________

c) 117,65 : 18,1 = ____________ ÜR ______________________________

d) 89,782 : 1,54 = ____________ ÜR ______________________________

... zum Schluss eine Nuss

10 Was ist größer:
das Doppelte von 26,9
oder ein Drittel von 161,1?

Kreuze an

Aufgabe	1	2	3	4	5	6	7	8	9	10
erledigt										
kontrolliert										

Aufwärmen

1 Ordne die Bruchzahlen in die passende Zeile ein:

$\frac{3}{4}$ $1\frac{2}{5}$ $\frac{4}{9}$ $\frac{15}{4}$ $3\frac{1}{4}$ $7\frac{2}{10}$ $\frac{12}{5}$ $\frac{3}{16}$ $\frac{12}{6}$

echter Bruch – Wert kleiner als 1	zB $\frac{2}{7}$;
unechter Bruch – Wert größer oder gleich 1	zB $\frac{8}{3}$;
gemischte Zahl – ganze Zahl plus echter Bruch	zB $2\frac{1}{4}$;

Üben

2 Welcher Bruchteil ist dargestellt?

a)

b)

c)

d)
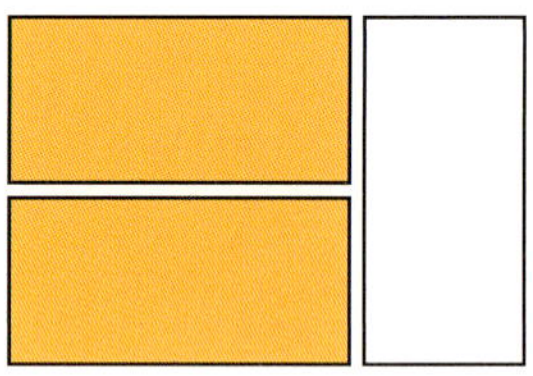

3 Male farbig an:

a) $\frac{7}{8}$
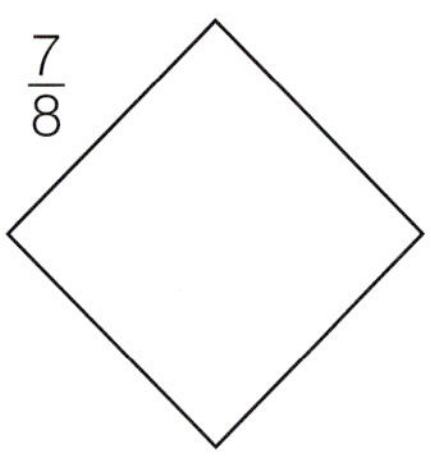
b) $\frac{1}{3}$

c) $\frac{1}{6}$
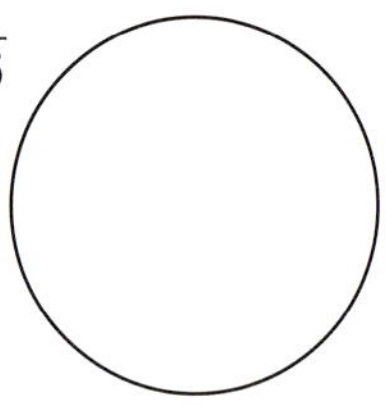
d) $\frac{7}{10}$

4 Schreibe als unechten Bruch:

a)

$3\frac{3}{4} =$	$1\frac{2}{5} =$
$3\frac{3}{7} =$	$7\frac{2}{10} =$

b)

$2\frac{4}{9} =$	$4\frac{1}{4} =$
$2\frac{2}{5} =$	$5\frac{3}{6} =$

5 Welche Fragen kannst du stellen und beantworten?

a) Sebastians monatliches Taschengeld beträgt 45 €. Er gibt $\frac{2}{3}$ davon für Kinobesuche und Zeitschriften aus.

b) Die Radtour von Elias und Hannah ist 27 km lang. $\frac{7}{9}$ ihrer Strecke haben sie schon zurückgelegt.

6 Ergänze den fehlenden Zähler bzw. Nenner:

a)

$\frac{3}{5} = \frac{9}{\square}$	$\frac{3}{6} = \frac{15}{\square}$
$\frac{7}{5} = \frac{42}{\square}$	$\frac{3}{5} = \frac{30}{\square}$

b)

$\frac{1}{3} = \frac{8}{\square}$	$\frac{9}{5} = \frac{27}{\square}$
$\frac{3}{6} = \frac{24}{\square}$	$\frac{9}{10} = \frac{81}{\square}$

7 Kürze so weit wie möglich:

a)

$\frac{10}{25} = \frac{\square}{\square}$	$\frac{14}{20} = \frac{\square}{\square}$	$\frac{32}{64} = \frac{\square}{\square}$
$\frac{8}{24} = \frac{\square}{\square}$	$\frac{48}{16} = \frac{\square}{\square}$	$\frac{50}{80} = \frac{\square}{\square}$

b)

$\frac{50}{120} = \frac{\square}{\square}$	$\frac{75}{30} = \frac{\square}{\square}$	$\frac{100}{8} = \frac{\square}{\square}$
$\frac{36}{108} = \frac{\square}{\square}$	$\frac{28}{70} = \frac{\square}{\square}$	$\frac{65}{130} = \frac{\square}{\square}$

8 Verbinde Bruch und entsprechende Dezimalzahl:

$\frac{7}{1\,000}$	0,7	0,007	0,07	$1\frac{7}{1\,000}$
$1\frac{70}{1\,000}$	$\frac{70}{1\,000}$	1,007	$\frac{700}{1\,000}$	1,07

9 Wandle jeden Bruch durch Erweitern oder durch Division in eine Dezimalzahl um:

a) $\frac{70}{1\,000} =$ ______ b) $\frac{15}{20} =$ ______ c) $\frac{5}{125} =$ ______ d) $\frac{5}{100} =$ ______

... zum Schluss eine Nuss

10 Willi legt jeden Morgen seinen langen Weg zur Arbeit mit dem Bus zurück. Er ist so früh am Morgen unterwegs, dass er manchmal noch ein Nickerchen im Bus einlegt.
Heute ist Willi besonders müde und schläft bereits nach einem Drittel der Fahrtstrecke ein. In der Mitte der gesamten Strecke wird er durch lärmende Schulkinder kurz geweckt. Er kann wieder einschlafen, als die Kinder nach einem Viertel der verbleibenden Strecke aussteigen. Am Ende seiner Fahrt schreckt er aus dem Schlaf auf.
Welchen Teil der gesamten Fahrt hat Willi verschlafen?

Kreuze an

Aufgabe	1	2	3	4	5	6	7	8	9	10
erledigt										
kontrolliert										

Aufwärmen

1 **Gleichungen** lösen: Erinnere dich und ergänze!

$3x - 3 = 12$
$3x =$ ___ | : ___
$x =$ ___

Textaufgaben: Gleichung **anschreiben**
Gleichung **lösen:** Umformungsschritte
Äqu______________________

Textaufgaben: **Antwort**

Probe: Lösung in Ausgangsgleichung einsetzen

$3 \cdot$ ___ $- 3 = 12$

______

Üben

2 Schreibe zur grafischen Darstellung eine Gleichung und löse diese:

a) 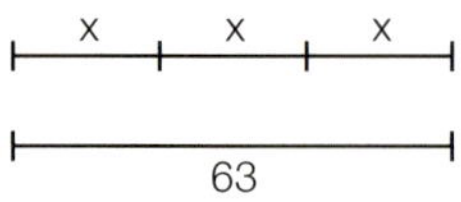

b) 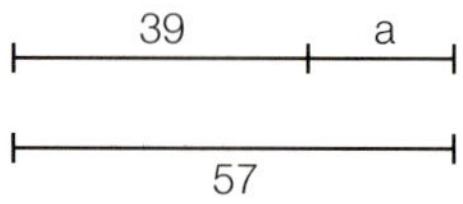

3 Löse die Gleichung im Kopf und mache die Probe:

a) $x + 32 = 89$ $x =$ ___

b) $254 = 400 - y$ $y =$ ___

c) $z : 6 = 12$ $z =$ ___

4 Setze für die Variable x den Wert $x = 5$ und berechne y:

a) $9 - x + y = 10$ $y =$ ___

b) $6 \cdot x : y = 15$ $y =$ ___

c) $(x + 16) : y = 7$ $y =$ ___

d) $4 \cdot x + 3 \cdot y = 32$ $y =$ ___

5 Verbinde Text, passende Gleichung und richtige Lösung:

Addiere zum Dreifachen einer Zahl 12 und du erhältst 39. **A**	$36 - 3 \cdot x = 12$ **D**	$x = 9$ **G**	______
Du erhältst 12, wenn du das Dreifache einer Zahl von 36 subtrahierst. **B**	$3 \cdot x + 12 = 39$ **E**	$x = 22$ **H**	______
Das Doppelte einer Zahl vermindert um 36 ergibt 8. **C**	$2 \cdot x - 36 = 8$ **F**	$x = 8$ **I**	______

6 Schreibe eine Gleichung und löse diese:

a) Welche Zahl musst du mit 7 multiplizieren, um 56 zu erhalten?

b) Addiere zum Doppelten einer Zahl die Zahl 14 und du erhältst 46!

c) Die Differenz zweier Zahlen ist 37, der Subtrahend lautet 42, berechne den Minuend!

7 Als mein Vater 31 Jahre war,
war ich 8 Jahre.
Jetzt ist mein Vater doppelt
so alt wie ich.
Wie alt bin ich jetzt?

8 Geldgeschichten

a) Felix kauft ein: 2 Liter Milch zu 0,95 € / Liter;
1 kg Brot zu 2,45 € und 1,5 kg Äpfel zu 2,70 € / kg.
Berechne das Restgeld auf einen 10 € Schein!

b) Simone erhält für den Besuch im Prater 15 €.
Mit wie vielen Attraktionen (je 2,50 €) kann sie fahren, wenn sie für Pommes 2,20 €, für ein Cola 1,80 €, für einen Schokofrüchtespieß 2 € und für ein Los für einen guten Zweck 1,50 € ausgibt?

9 Vanessa möchte Eindrücke und Erlebnisse vom siebentägigen Abenteuercamp dokumentieren. Mit ihrer Digitalkamera „schießt“ sie am ersten Tag gleich 56 Fotos, am zweiten Tag halb so viele und am dritten Tag 42 Fotos.
Wie viele Fotos kann sie an jedem der übrigen Tage noch machen, wenn ihre Speicherkarte Platz für 250 Fotos bietet? (Schreibe eine Gleichung an!)

Raften im Abenteuercamp

... zum Schluss eine Nuss

10 Auf einem Bauernhof leben 60 Tiere. Die Zahl der Hühner ist fünfmal so groß wie die Zahl der Pferde. Wie viele Hühner und Pferde leben auf diesem Hof?

Kreuze an

Aufgabe	1	2	3	4	5	6	7	8	9	10
erledigt										
kontrolliert										

Aufwärmen

1 Berechne und entscheide, welcher Satz zu welcher Rechnung passt:

a) $\frac{7}{8} + \frac{3}{5} =$ ______ **b)** $\frac{7}{8} \cdot \frac{3}{5} =$ ______ **c)** $\frac{7}{8} - \frac{3}{8} =$ ______ **d)** $\frac{7}{8} : \frac{3}{5} =$ ______

A	Erweitere vor dem Addieren Brüche auf den kleinsten gemeinsamen Nenner.	
B	Du musst mit dem Kehrwert des 2. Bruches multiplizieren.	
C	Die Zähler werden subtrahiert, der Nenner bleibt unverändert.	
D	Zähler mal Zähler durch Nenner mal Nenner	

Üben

2 Berechne und vergiss nicht, das Ergebnis zu kürzen:

a)

$\frac{1}{6} + \frac{1}{6} =$	$\frac{2}{7} + \frac{5}{7} =$
$\frac{2}{10} + \frac{3}{10} =$	$\frac{1}{6} + \frac{3}{6} =$

b)

$\frac{8}{8} - \frac{5}{8} =$	$\frac{12}{16} - \frac{4}{16} =$
$\frac{7}{10} - \frac{2}{10} =$	$\frac{24}{1\,000} + \frac{26}{1\,000} =$

3 Von seinen 150 kg Äpfel hat der Schmiedhuber-Bauer bereits $22\frac{1}{2}$ kg, $10\frac{1}{4}$ kg, 6 kg und 7,5 kg ab Hof verkauft. Wie viel Kilogramm sind noch übrig?

4 Mario ist 18 Jahre alt und um $3\frac{1}{4}$ Jahre älter als seine Schwester Lisa. Wie alt ist Lisa?

5 Kopfrechnung: Wie viel fehlt auf ein Ganzes?

a) $\frac{2}{7} + \frac{\square}{\square} = 1$ **b)** $\frac{2}{3} + \frac{\square}{\square} = 1$ **c)** $\frac{2}{9} + \frac{\square}{\square} = 1$ **d)** $\frac{7}{10} + \frac{\square}{\square} = 1$

6 Je zwei Rechnungen haben das gleiche Ergebnis. Male sie mit der gleichen Farbe an:

$\frac{3}{4} \cdot 5$ | $\frac{3}{2} \cdot 4$ | $\frac{5}{8} \cdot 6$ | $\frac{3}{8} \cdot 3$ | $2 \cdot \frac{9}{16}$ | $25 \cdot \frac{6}{25}$

7 Berechne das Produkt. Kürze, wenn möglich, schon vor dem Rechnen:

a) $\frac{4}{5} \cdot 2 =$ ________ b) $\frac{3}{10} \cdot 5 =$ ________ c) $\frac{3}{9} \cdot 6 =$ ________

$\frac{7}{15} \cdot 4 =$ ________ $\frac{2}{11} \cdot 8 =$ ________ $\frac{12}{100} \cdot 8 =$ ________

8 Wie groß ist der jeweilige Umfang? Die Seitenlänge s bei jeder Figur ist $1\frac{2}{5}$ cm.

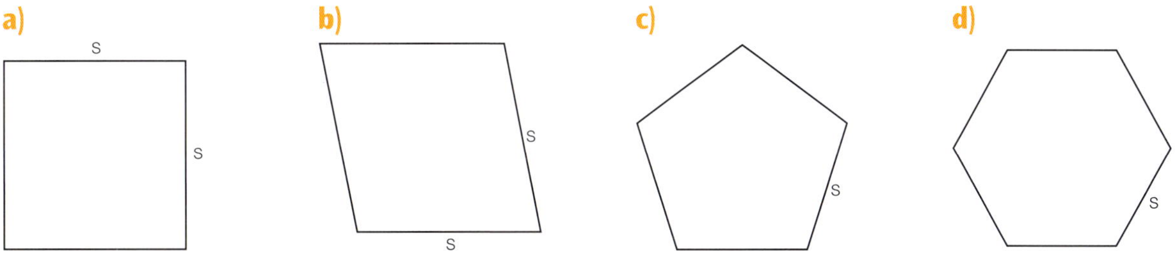

9 Ergänze die fehlenden Zahlen:

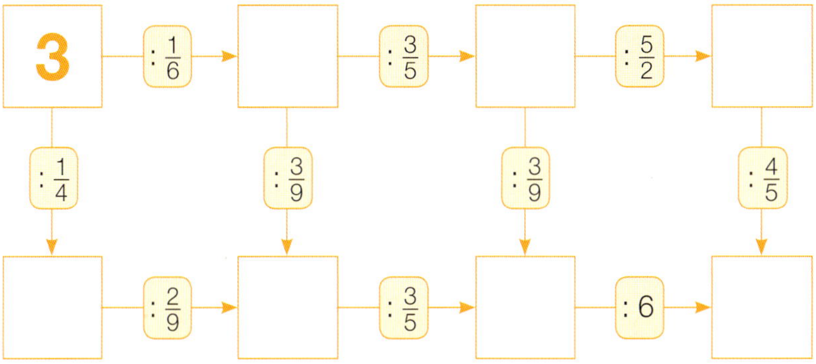

Nebenrechnungen:

... zum Schluss eine Nuss

10 Bilde aus den Ziffern von 1 bis 9 einen Bruch, der gekürzt $\frac{1}{4}$ ergibt.
Dabei darfst du jede Ziffer nur genau einmal verwenden.

$$\frac{4\,\square\,\square\,\square}{1\,\square\,\square\,6\,\square} = \frac{1}{4}$$

Kreuze an

Aufgabe	1	2	3	4	5	6	7	8	9	10
erledigt										
kontrolliert										

1 Wie viele verschiedene Möglichkeiten gibt es, einen 50-€-Schein in Papiergeld zu wechseln?

2 Wie groß ist die Summe aus der kleinsten und der größten vierstelligen Zahl?

3 Die Wörter im Neunerfeld sind nach einem System angeordnet. Welches Wort gehört an die Stelle des Fragezeichens?

ETAGE	EIMER	EHERN
SERIE	LEBER	LEERT
BIENE	SPEER	?

a) FEUER
b) ENGEL
c) KLEID
d) HERDE

4 Streichholzgeschichten

a)

Nimm 4 Streichhölzer weg, übrig bleiben sollen nur noch 5 Quadrate.

b)

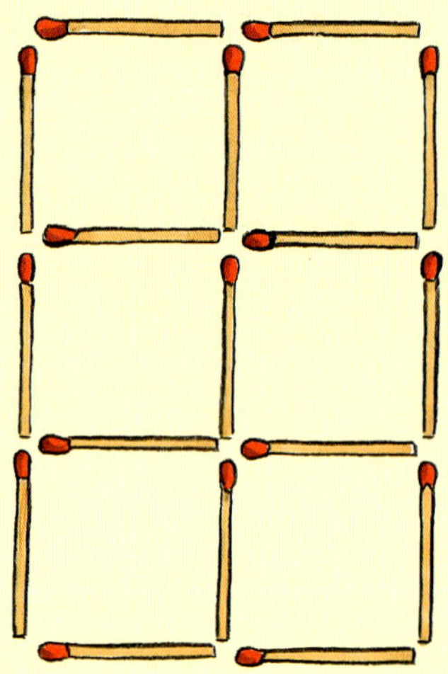

Nimm 5 Streichhölzer weg und 3 Quadrate bleiben übrig.

5 Wie kommt der Drache ins Schloss?

6

Lege zehn Würfel übereinander. Der oberste liegt auf der Seite mit 4 Punkten. Wie viele Punkte sind insgesamt sichtbar?
Du darfst den Würfelturm von allen Seiten betrachten, aber nicht berühren. Schau dir auch mehrere einzelne Würfel genau an:
Was ist immer gleich?

Antwort: Gleich ist ______________________________ .

________ Punkte sind sichtbar.

7

Sudoku

		9	7	3	1	6		
8	1		6		2		4	9
	4	8				7	1	
			8		6			
	3	1				9	2	
2	6		5		4		9	7
		4	3	6	7	8		

8

Gleiche Buchstaben sollen in diesem Buchstaben-Zahlen-Rätsel durch gleiche Ziffern so ersetzt werden, dass eine richtige Addition entsteht.
Wie viele Möglichkeiten kannst du finden?

F	Ü	N	F
F	Ü	N	F
Z	E	H	N

9

Chaos auf dem Parkplatz
Auf dem Parkplatz des Hotels herrscht Chaos. Wie kann der Fahrer des Wagens 1 sein Auto wegfahren, wenn alle anderen aus Platzmangel nur vorwärts oder rückwärts fahren können?
In welcher Reihenfolge können die Autos wegfahren?

10

Du sollst jeden Weg im Labyrinth genau einmal entlanggehen und keinen Weg kreuzen. Zeichne einen möglichen Weg ein!

Aufwärmen

1 Ergänze die Beschriftung und benenne die Dreiecke nach den vorkommenden Winkeln:

a)
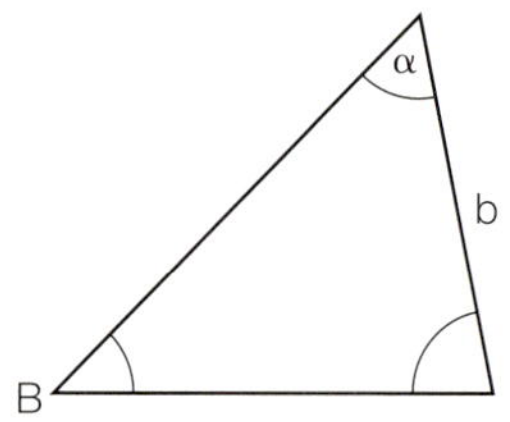

b)
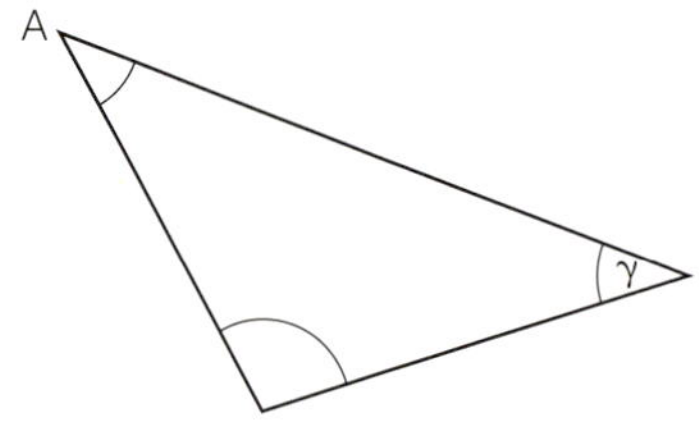

c)
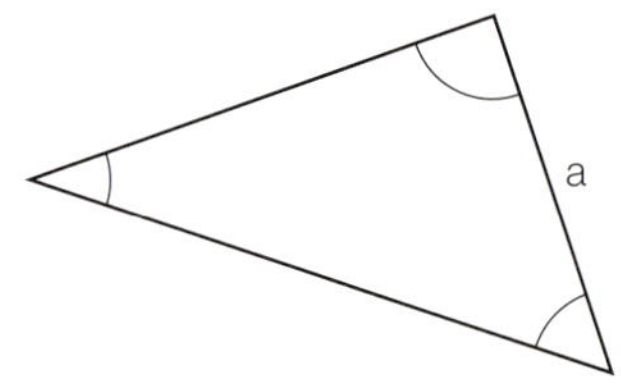

______________ ______________ ______________

In jedem Dreieck gilt: $\alpha + \beta + \gamma =$ ____

2 Benenne die Dreiecke nach den vorkommenden Seiten:

a)
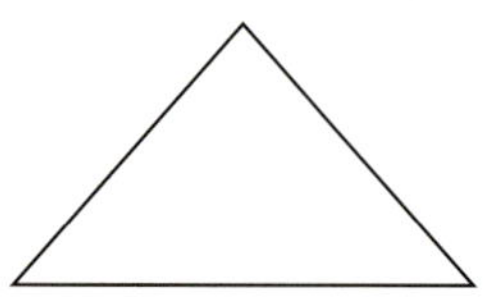

b)
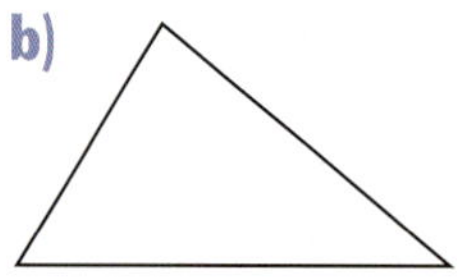

c)
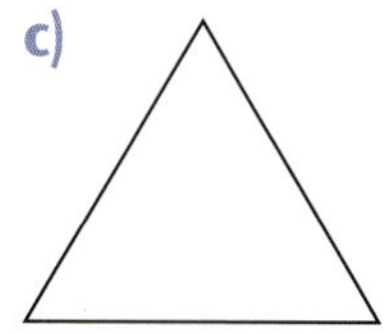

a) ______________
b) ______________
c) ______________

Zeichne in die Dreiecke Symmetrieachsen ein, falls es welche gibt.

Üben

3 Berechne die Größe der fehlenden Innen- und Außenwinkel folgender Dreiecke:

a)
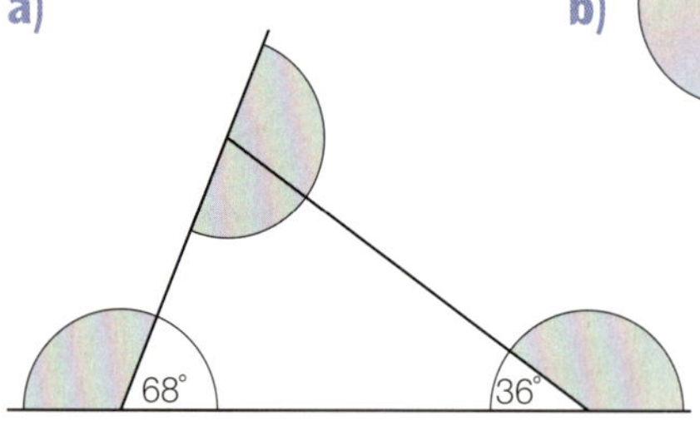

b)
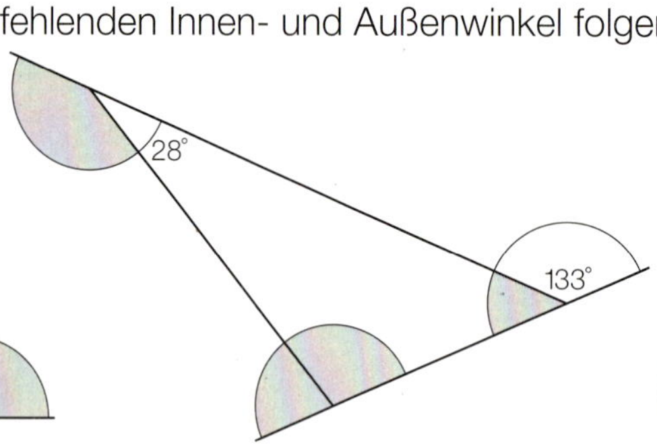

c)
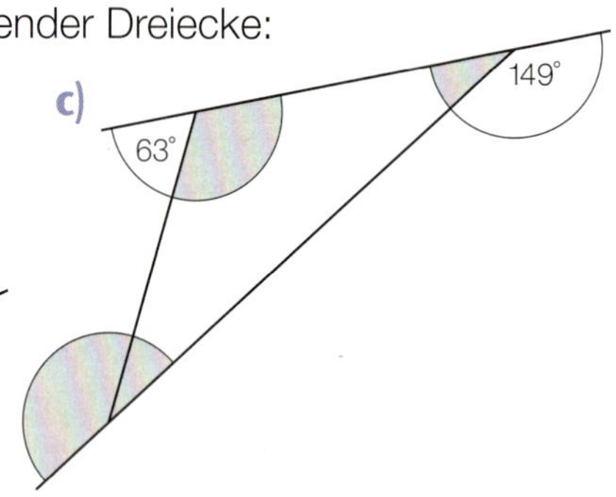

4 Zeichne in das Dreieck alle drei Höhen ein. Bezeichne den entstandenen Schnittpunkt mit H:

a)
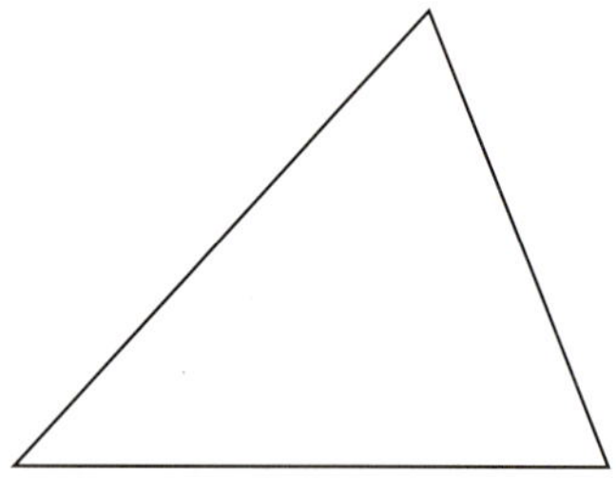

b)
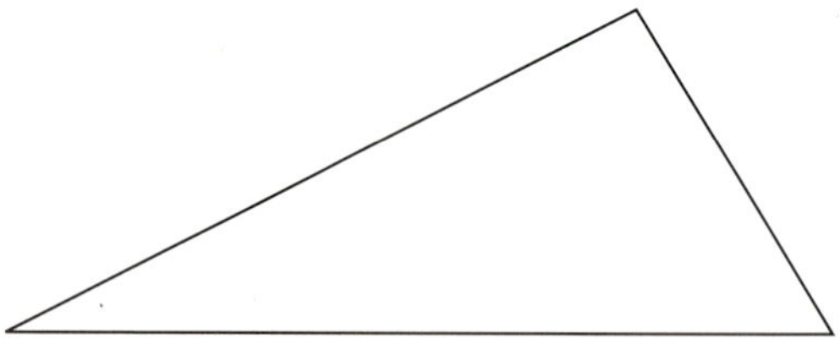

5 Wie groß ist der Flächeninhalt der rechtwinkligen Dreiecke? (Maße in cm)

a)
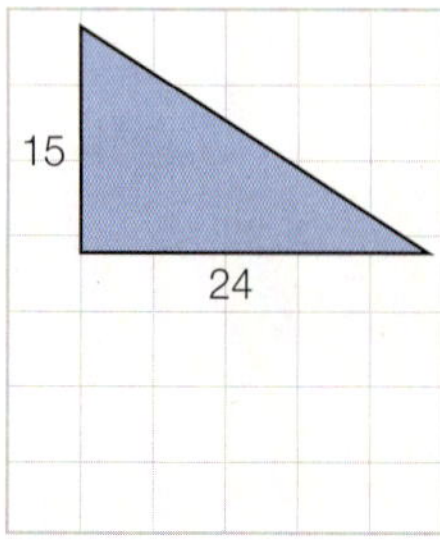

$A = \frac{a \cdot \square}{\square}$

A = ______________

b)
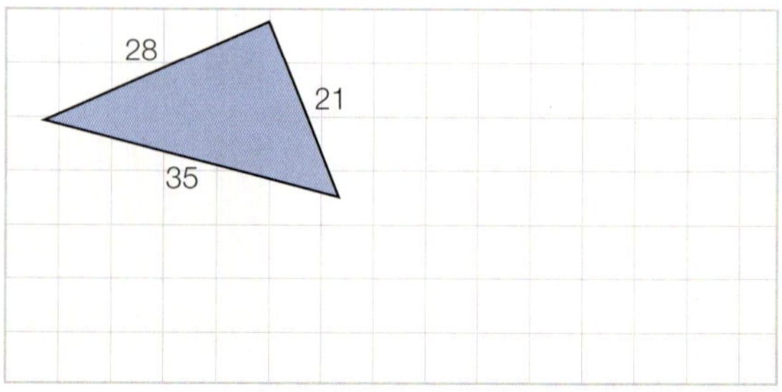

6 Wie groß ist der Flächeninhalt der zusammengesetzten Figur? Schreibe den Flächeninhalt zunächst allgemein auf.

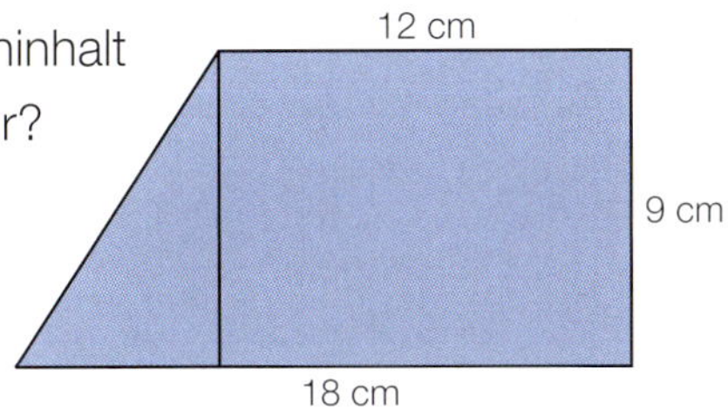

7 Von einem rechteckigen Grundstück wird ein rechtwinkliges Dreieck abgetrennt. Wie groß ist die Fläche, die übrigbleibt?

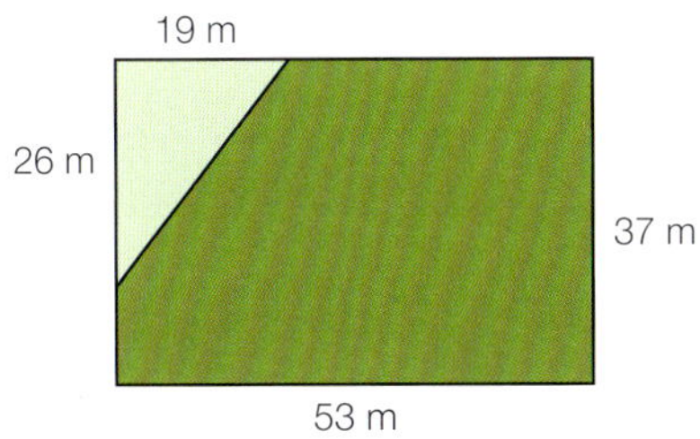

8 Konstruiere das Dreieck ABC:

$a = 5$ cm; $b = 2{,}8$ cm; $\gamma = 34°$

9 Konstruiere das Dreieck ABC:

$b = 57$ mm; $c = 38$ mm; $\beta = 100°$

... zum Schluss eine Nuss

10 Vermessungsaufgabe im Gelände: Wie weit sind die Geländepunkte A und C, zwischen denen der See liegt, voneinander entfernt? Dazu wird eine Standlinie AB ausgesteckt. ($\overline{AB} = 106$ m). Weiters werden die Winkel $\alpha = 43°$ und $\beta = 78°$ gemessen. Zeichne das entsprechende Dreieck im Maßstab 1 : 2 000 und bestimme daraus die Entfernung AC:

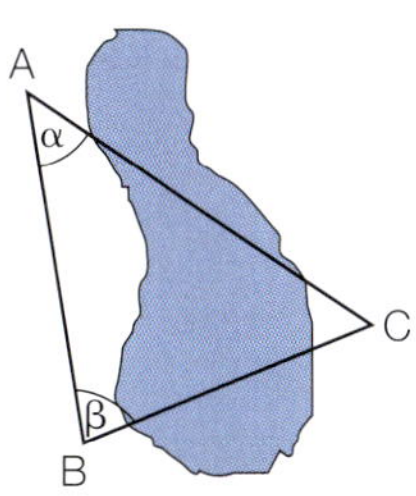

Kreuze an

Aufgabe	1	2	3	4	5	6	7	8	9	10
erledigt										
kontrolliert										

Aufwärmen

1 Prozentrechnen: Welche der drei Größen Grundwert G, Prozentsatz p und Prozentwert (Prozentanteil) W sind gegeben, welche ist gesucht? Trage ein:

		G	p	W
a)	Bei Großabnahme gewährt eine Firma 12 % Rabatt, die Lieferung hat einen Wert von 85 530 €.			
b)	15 % sind 352,50 €.			
c)	Die Anzahlung für die neuen Möbel zu einem Gesamtpreis von 1 860 € beträgt 372 €.			

2 Prozentrechnungen kann man auch als direktes Verhältnis (direkte Proportionalität, direkten Schluss) auffassen. Worum handelt es sich bei folgenden Sachverhalten, um direkte (d) oder indirekte (i) Proportionalität? Kreise die richtige Antwort ein.

a)

Zeit / Haarlänge (ohne Haareschneiden)	d	i
gleich bleibende Geschwindigkeit / zurückgelegter Weg	d	i

b)

Anzahl der Maler / Ausmalen einer großen Fläche	d	i
Größe des Gartens / Dauer des Rasenmähens	d	i

Üben

3 Berechne die gesuchten Größen aus Aufgabe 1.

4 Berechne den neuen Preis:

a)

b)

c)

5 Eine Aktie verliert infolge der Wirtschaftskrise 65 % ihres Wertes. Um wie viel % müsste sie anschließend steigen, damit sie den Ausgangswert von 1 240 € wieder erreicht?

6 Wie groß ist die Produktionsmenge in einem Jahr, wenn in drei Tagen 15 699 t Rohöl gefördert werden?

7 Fünf gleichartige Öltanks fassen zusammen 287 085 m³ Öl, derzeit sind drei Tanks gefüllt. Wie viel Öl muss zum vollständigen Auffüllen bereitgestellt werden?
Welche Art von Proportionalität / Schluss liegt vor?

8 Der Weizenpreis betrug im Jänner 2009 ca. 0,15 € pro kg. Wie viel verdiente Lukas' Opa mit einer Lieferung von 24 800 kg Weizen an das Lagerhaus, wenn seine Eigenkosten pro kg 0,12 € betrugen?

Opas Weizenfeld

9 Ein Radler fährt um 8.00 Uhr von Arnheim nach Bihofen und hat nach 2 Stunden 24 km zurückgelegt.

A ——— 78 km ——— B

a) Wann hat er sein Ziel erreicht, wenn er im gleichen Tempo weiterfährt?

b) Wenn er nach den beiden ersten Stunden sein Tempo auf die eineinhalbfache Geschwindigkeit steigern kann, wann kommt er dann in Bihofen an?

... zum Schluss eine Nuss

10 Familie Nass möchte drei Tage in der Therme verbringen: Vater, Mutter, Felix (17 Jahre, kann an zwei Tagen dabei sein), Lena (15 Jahre), Kristina (9 Jahre).

Lies aus der Preisliste ab: Welche Karten sollen sie kaufen?
Um wie viel % ist die günstigste Variante billiger als die teuerste?

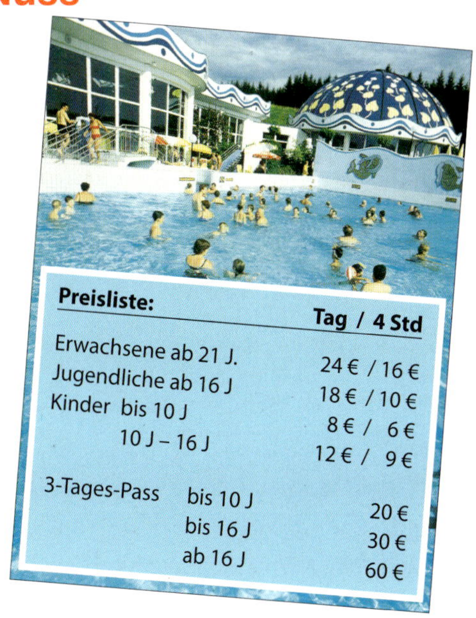

Kreuze an

Aufgabe	1	2	3	4	5	6	7	8	9	10
erledigt										
kontrolliert										

Aufwärmen

1 Was passt? Ergänze aus der Spalte rechts:

Strichliste	Absolute Häufigkeit	Relative Häufigkeit
z. B. ______	z. B. ______	z. B. ______

Um den Mittelwert einer Datenmenge zu erhalten, ______________ alle Werte und ______________ die Anzahl der Werte.

Wie heißt die Diagrammart und was kann man besonders gut sehen?

______________ ______________ ______________

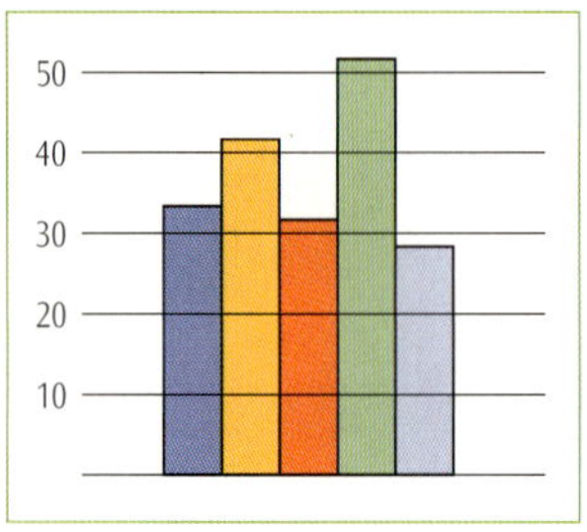

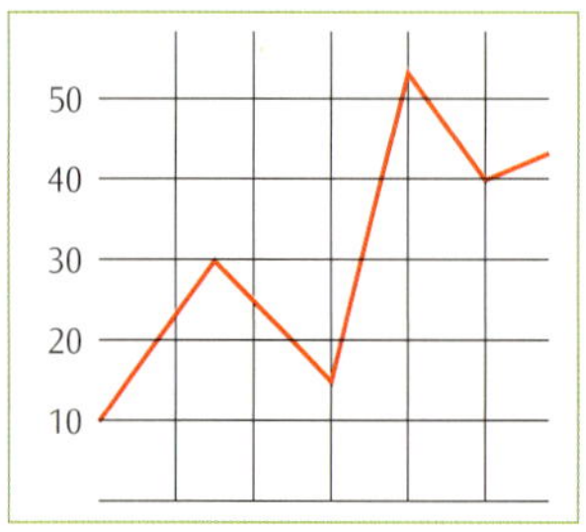

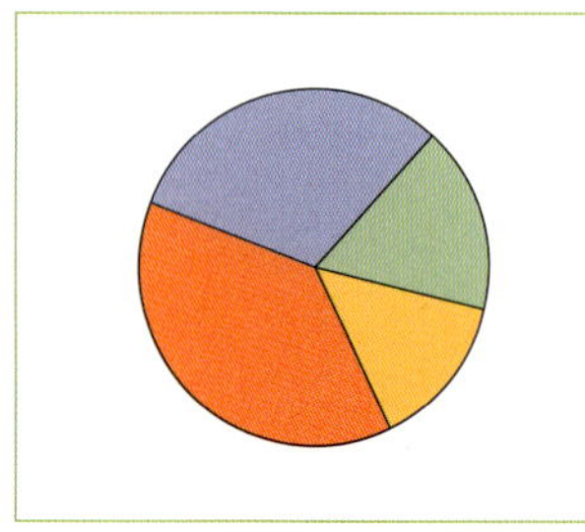

______________ ______________ ______________

- addiert man
- Balken- oder Säulendiagramm
- 6
- absolute Häufigkeit
- Veränderung
- relative Häufigkeit
- Kreisdiagramm
- $\frac{6}{25}$
- Liniendiagramm
- dividiert man
- 𝍸 |

Üben

2 Berechne den Mittelwert der Größen folgender Gruppe:

Mario	Peter	Miriam	Cornelia	Sara	Cara
145 cm	160 cm	143 cm	133 cm	124 cm	142 cm

3 Clemens hat sich alle Noten des vergangenen Schuljahres aufgeschrieben: 2, 5, 4, 1, 2, 3, 1, 1, 2, 3, 1, 5, 2, 3, 1, 1, 1, 2, 3, 1, 4, 1, 2, 1, 3, 1, 2, 1, 1, 4, 2, 3, 3, 2, 4, 2, 3, 1
Erstelle eine Strichliste, bestimme die absolute und relative Häufigkeit und erstelle ein Balkendiagramm.

Note	Strichliste	absolute H.	relative H.
1			
2			
3			
4			
5			

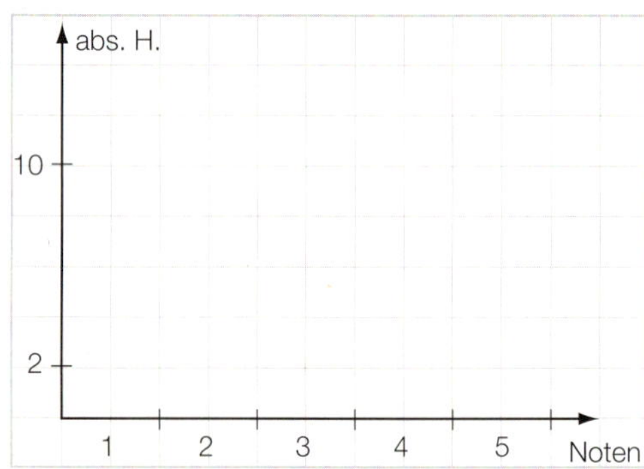

4 Die Fieberkurve zeigt den Verlauf der Körpertemperatur (gemessen mittags und abends) während einer Grippe.

a) Wie hoch war die höchste Temperatur? ________

b) Welche Temperatur hatte die Person am Ende des 4. Tages? ______

c) Wie groß war der höchste Temperaturunterschied während eines Tages der Krankheit? ________

d) An welchen zwei Tagen war das Fieber am höchsten?

____

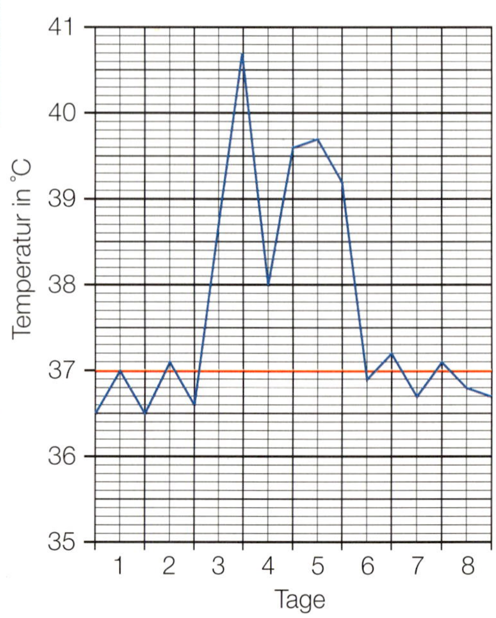

5 Der Tabellenrang eines Fußballteams während einer Meisterschaft wird auch häufig mit einer „Fieberkurve" dargestellt. Erstelle eine solche Kurve für folgende Daten. (y-Achse = Rang in der Tabelle; Rang 1 ganz oben; 10 Teams spielen mit.)

Spieltag	1	2	3	4	5	6	7	8	9	10
Rang	9	10	8	7	6	5	5	4	6	3

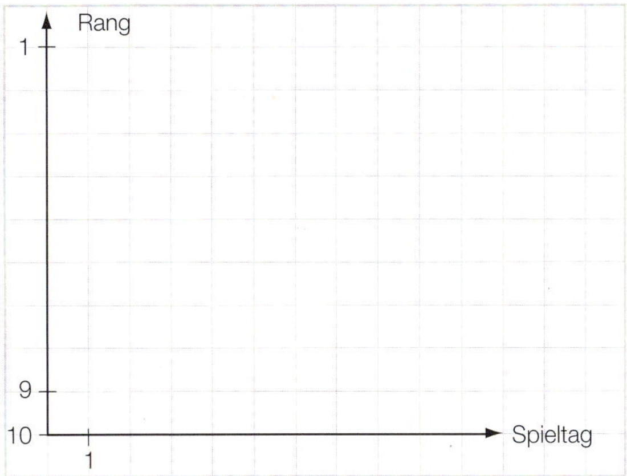

6 Das macht Lisa an einem Wochentag:
Schlafen von 20:30 – 7:00; Essen: 7:15 – 7:30, 13:30 – 14:15, 18:00 – 18:30; Schule, Lernen, HÜ: 8:30 – 13:00, 14:30 – 17:00; Spielen, Musik: 17:00 – 18:00, 19:00 – 20:30.

a) Wie viele Stunden sind das (absolute Zeiten)?
b) Welche Prozentsätze?
c) Stelle die Daten übersichtlich in einer Tabelle dar.

7 Das Kreisdiagramm zeigt die Verteilung der Lieblingsballsportarten einer Klasse mit 25 Kindern. Wie viele Schülerinnen und Schüler bevorzugen welche Sportart?

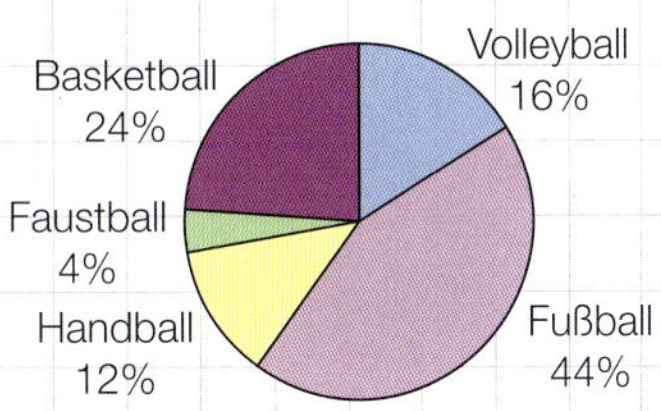

8 Gregor und Christian sind 100-m-Sprinter und absolvieren sieben Trainingsläufe. Wer von den beiden hat die bessere durchschnittliche Leistung erbracht?

Lauf	1	2	3	4	5	6	7	Durchschnitt
Gregor	12,3 s	12,4 s	11,8 s	12,0 s	12,1 s	11,9 s	11,7 s	
Christian	12,4 s	12,3 s	12,0 s	11,7 s	11,9 s	11,9 s	11,7 s	

A: ______________________________

Das große Rennen

9 Betrachte die beiden Diagramme: In welcher Grafik ist die Preissteigerung zwischen 2005 und 2011 größer?

____

____

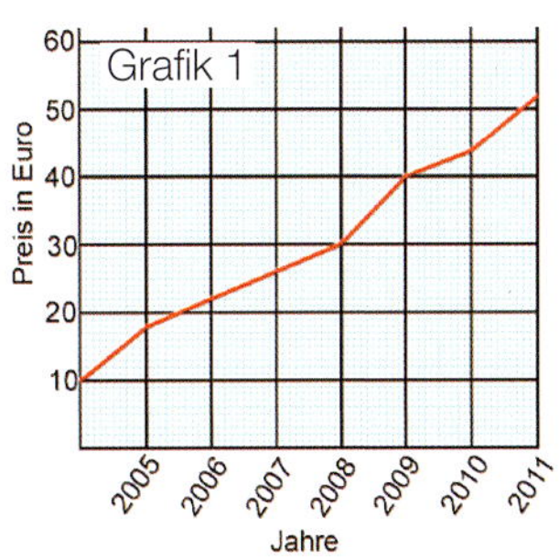

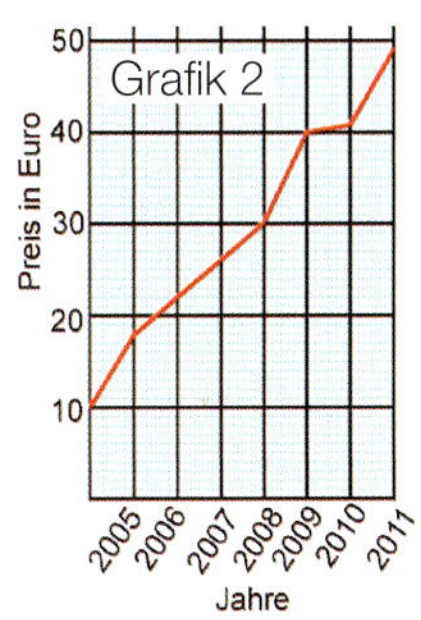

... zum Schluss eine Nuss

10 Der Mittelwert von 3 Zahlen beträgt 35. Die beiden ersten Zahlen lauten 15 und 23. Wie lautet die dritte Zahl?

Kreuze an

Aufgabe	1	2	3	4	5	6	7	8	9	10
erledigt										
kontrolliert										

Aufwärmen

1 Schreibe in jedes Viereck seine richtige Bezeichnung:

Quadrat
Parallelogramm
Trapez
Rechteck
allg. Viereck
Raute
Deltoid

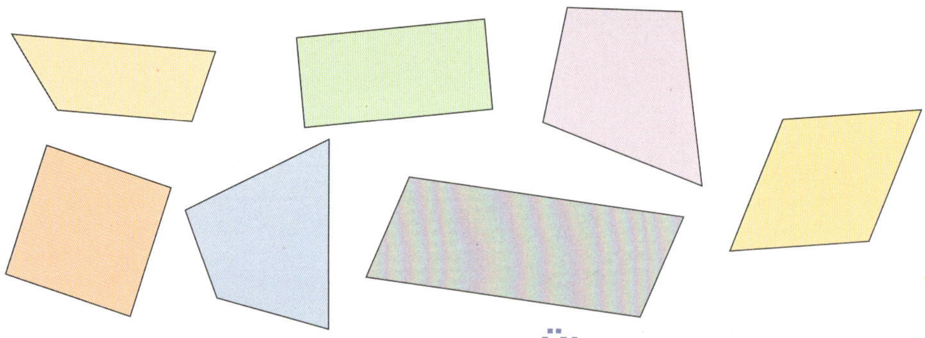

Üben

2 Benenne und ergänze die fehlende Beschriftung (Ecken, Seiten und Winkel):

a)

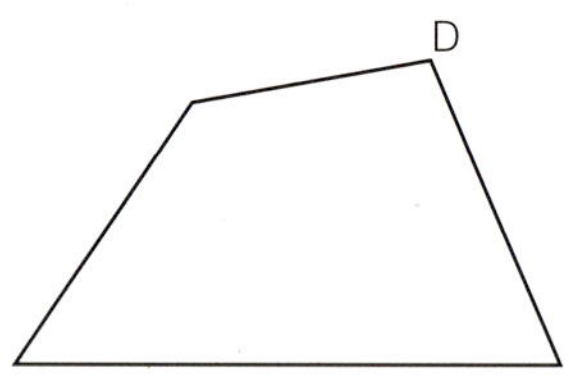

b)

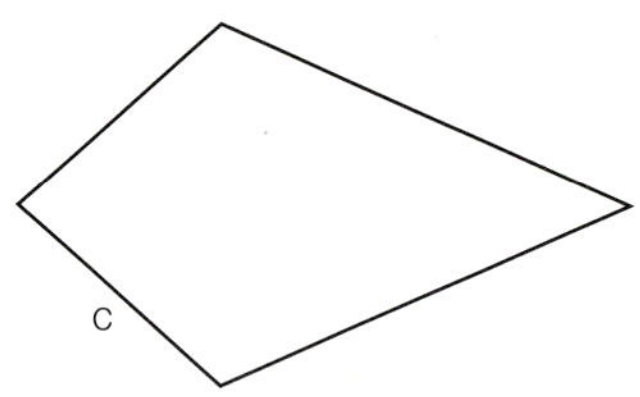

c)

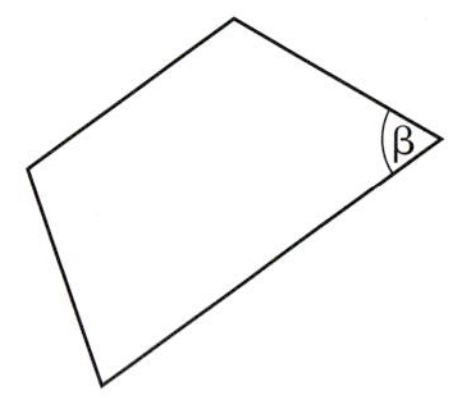

3 Berechne die fehlenden Winkel:

	Bezeichnung	α	β	γ	δ
a	Raute	56°			
b	Deltoid	110°			61°
c	gleichschenkliges Trapez		72°		
d	Deltoid	78°		54°	

4 Ziehe in der Skizze gegebene Größen farbig nach. Konstruiere und beschrifte dann das Viereck:

a = 4,8 cm
b = 3,6 cm
d = 2,1 cm
$\alpha = 82°$
$\beta = 116°$

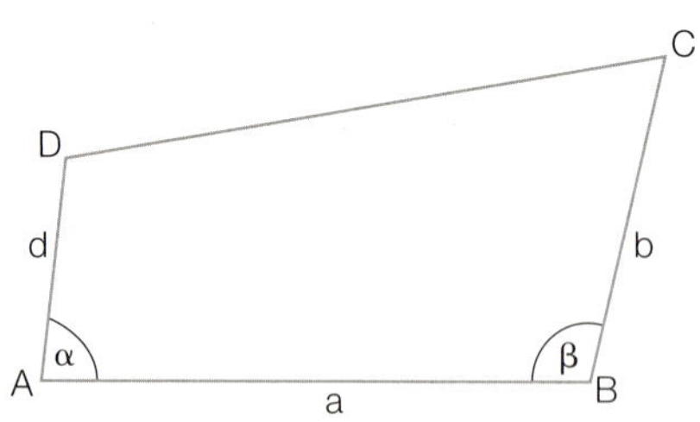

5 Konstruiere das Parallelogramm ABCD. Vervollständige zuerst die Skizze und ziehe gegebene Größen farbig nach:

a = 53 mm
b = 38 mm
$\alpha = 68°$

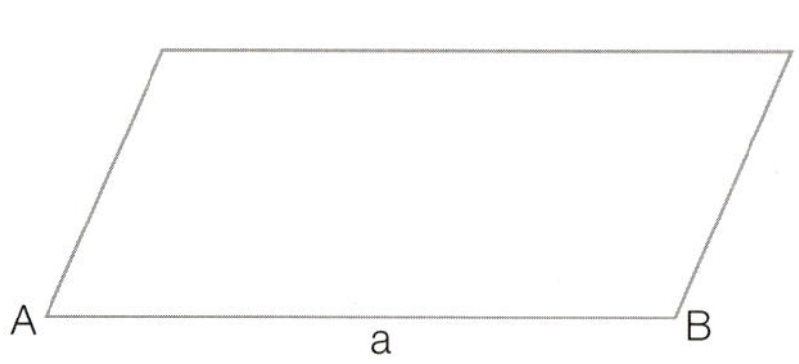

6 In der Mitte jeder Seite liegen die Eckpunkte eines neuen Vierecks. Zeichne die neuen Eckpunkte ein und verbinde sie. Wiederhole den Vorgang beim neu entstandenen Viereck.
Um welches Viereck handelt es sich beim kleinsten Viereck? Fällt dir noch etwas auf?

____

____

7 Konstruiere die Raute ABCD:
a = 4 cm; α = 100°

8 Konstruiere das Deltoid ABCD:
a = 23 mm; e = 36 mm; f = 4 cm

9 Welches Viereck ist gemeint?

a) Parallelogramm mit vier rechten Winkeln: ____________________

b) Deltoid mit vier gleich langen Seiten: ____________________

c) Viereck mit zwei parallelen Seiten und einer Symmetrieachse: ____________________

d) Raute mit gleich langen Diagonalen: ____________________

... zum Schluss eine Nuss

10 **a)** Zeichne das gleichschenklige Trapez ABCD in ein Koordinatensystem:
A (0|0); B (5,5|0); C (___ | ___); D (1,5|3,5). Welche Koordinaten hat der fehlende Eckpunkt C?
b) Berechne den Flächeninhalt des Trapezes durch Zerlegen in Drei- und Vierecke!

Kreuze an

Aufgabe	1	2	3	4	5	6	7	8	9	10
erledigt										
kontrolliert										

Aufwärmen

1 Multiple Choice – streiche die falschen Wörter. Ergänze dann die Formeln:

a) In einem Prisma sind Grundfläche und *Seitenfläche / Deckfläche / Oberfläche* kongruent.

b) Die Grundfläche eines Prismas kann ein *Dreieck / Würfel / Vieleck* sein.

c) Um das Volumen eines Prismas berechnen zu können, benötigt man die Höhe und den *Umfang / Flächeninhalt / Durchmesser* der Grundfläche.

Wichtige Formeln

Würfel a

Oberflächeninhalt

$O = 6 \cdot$ ___

Volumen

$V = a^{\_\_}$

Quader a, b, h

Oberflächeninhalt

$O = 2 \cdot$ ___ + ___ + ___

Volumen (Rauminhalt)

$V = a \cdot$ ___ $\cdot h$

Üben

2 Aus welchem Netz kannst du keinen Würfel basteln?

a)
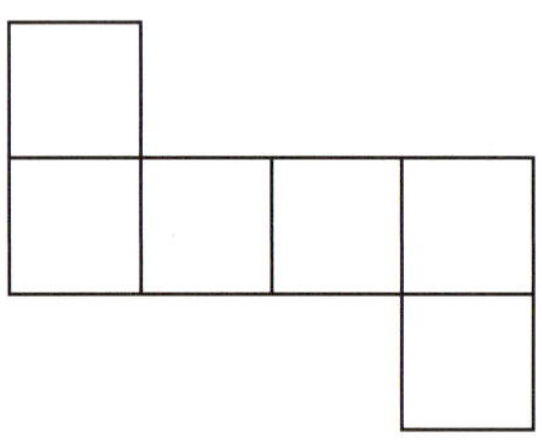
b)
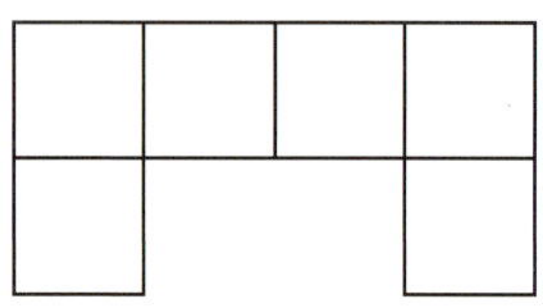
c)
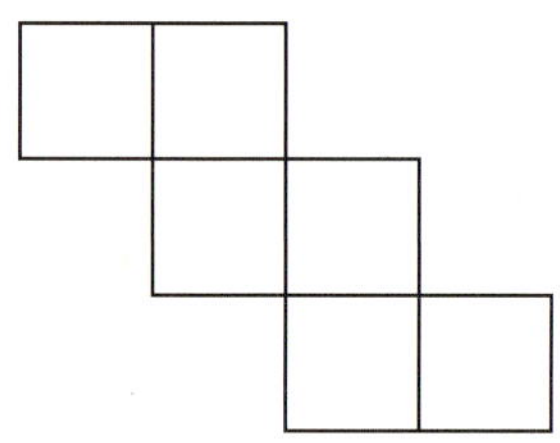
d)
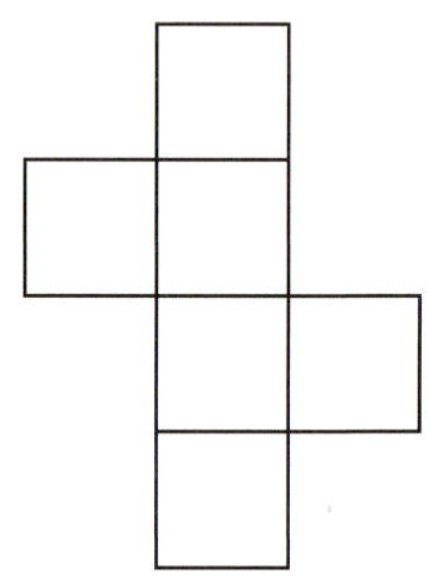

3 Welche der folgenden Figuren heißen gerade Prismen?

a)
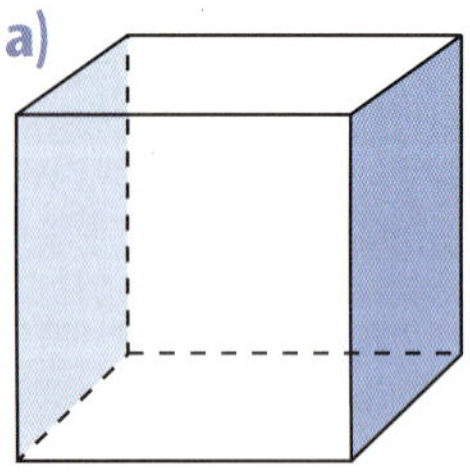
b)
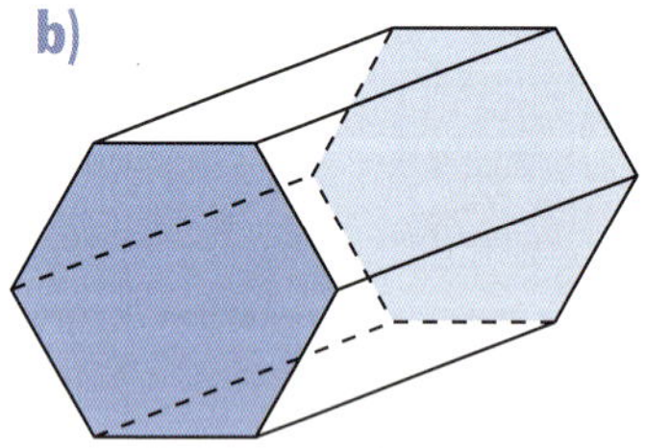
c)
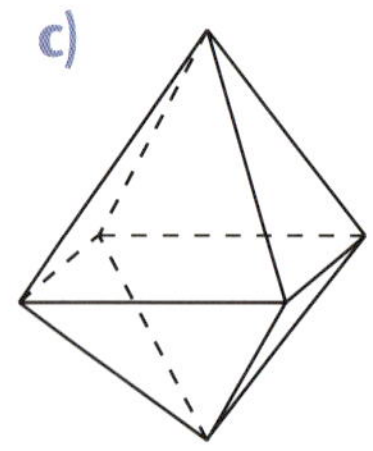
d)
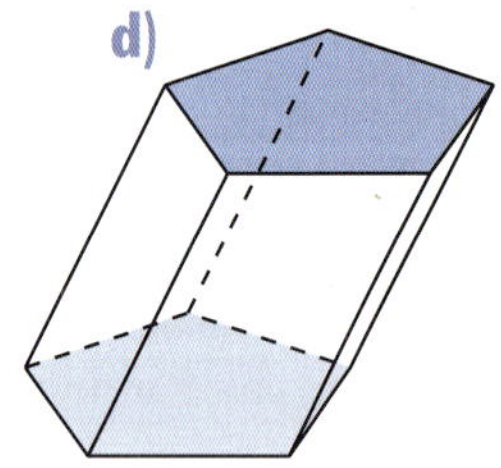

4 Ergänze das Netz des dreiseitigen Prismas:

a)
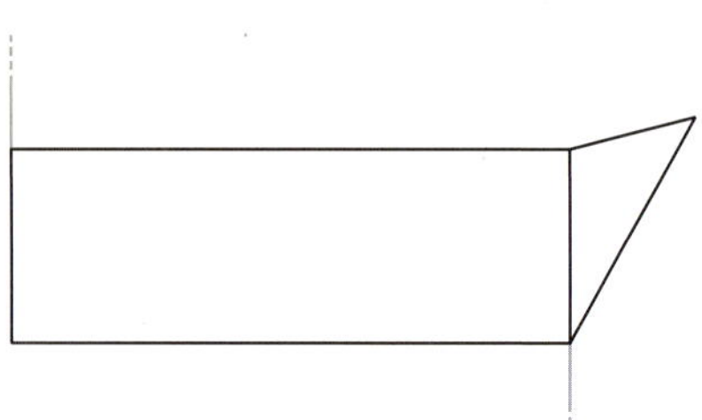
b)
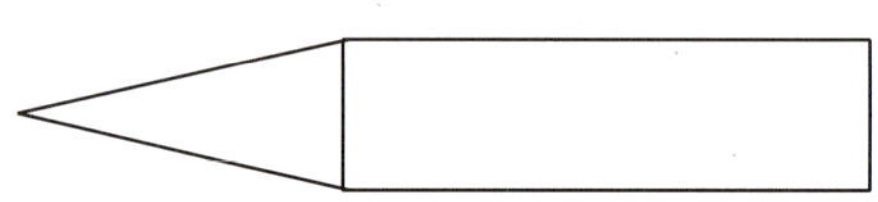

5 Berechne die Oberfäche O und das Volumen V:

a) A = 2,6 dm

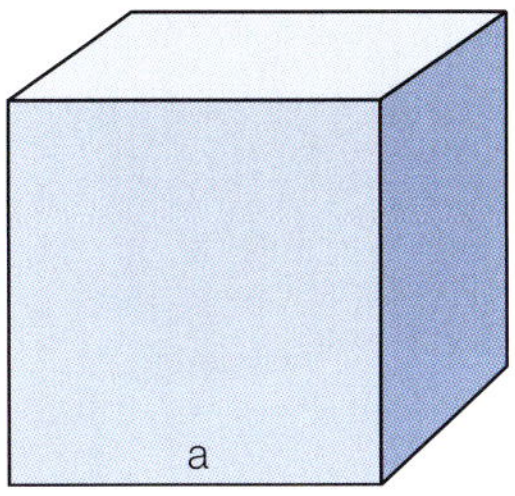

b) a = 4,8 cm; b = 3,7 cm; h = 1,2 cm

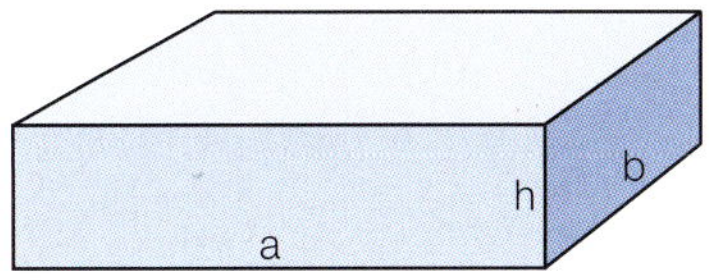

6 Berechne von einem Würfel die gesuchten Größen: Überlege und probiere!

a) $V = 27\ cm^3$; a = ?; O = ?

b) $O = 24\ m^2$; a = ?; V = ?

7 Berechne von einem Quader die gesuchten Größen:

a) a = 5 cm; b = 3 cm; $V = 60\ cm^3$; h = ?; O = ?

b) b = 8 m; h = 10 m; $V = 320\ m^3$; a = ?; O = ?

8 Ein Quader hat die Höhe x, die Breite ist doppelt so lang wie die Höhe, die Länge ist doppelt so lang wie die Breite.

a) Berechne die Länge aller Kanten (1) allgemein (2) für x = 3 cm.

b) Berechne den Oberflächeninhalt und das Volumen für x = 5 dm.

9 Berechne die Masse dieses Goldbarrens: Wie gehst du dabei vor?

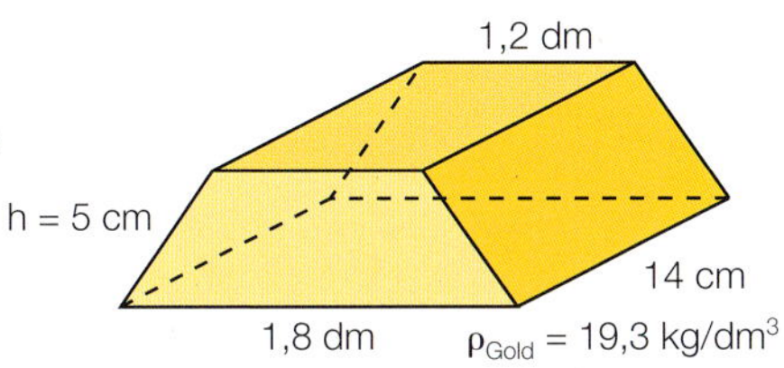

... zum Schluss eine Nuss

10 Wie viele Würfel musst du mindestens ergänzen, um einen Quader zu erhalten? Die ursprünglichen Steine müssen am Platz bleiben.

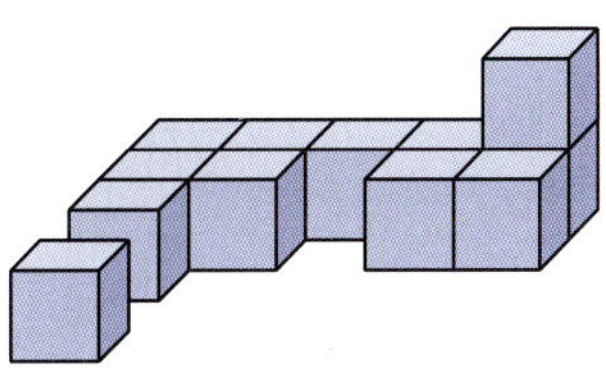

Kreuze an

Aufgabe	1	2	3	4	5	6	7	8	9	10
erledigt										
kontrolliert										

1 Wie kann man in einem quadratischen Garten 10 Bäume so an den Zaungrenzen entlang pflanzen, dass an jeder Zaunlänge dieselbe Anzahl von Bäumen steht?

Dahinter soll man Bäume pflanzen

2 Du hast drei Streichhölzer in der Hand.
Mach vier aus ihnen, ohne ein Streichholz zu zerbrechen. Zeichne hier:

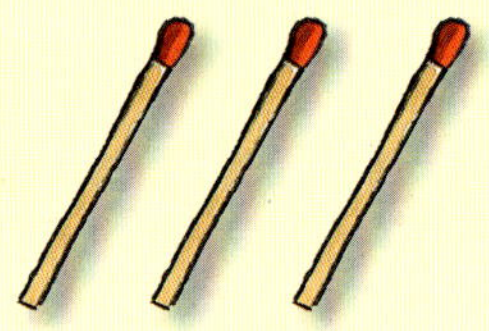

3 Welcher Buchstabe hat den größten Flächeninhalt?

Welche Buchstaben haben den gleichen Flächeninhalt? ______________________

4 Wenn es um Mitternacht regnet, kann dann genau 72 Stunden später die Sonne scheinen?

Geisterstunde

5 Sara und Jonas wollen sich im Fasching als Clowns verkleiden. In Mutters Kostümkiste sind vier Hemden (rot, weiß, blau und grün), zwei Hosen (getupft und gestreift), und drei Kappen (grün, blau und orange).
Auf wie viele verschiedene Arten kann sich Sara verkleiden, auf wie viele Jonas?

6 Zwei Väter und zwei Söhne teilen sich drei Äpfel so, dass jeder einen ganzen Apfel erhält.
Wie ist das möglich?

Schäfer Peter

7 „Leider habe ich nur ein Schaf“, klagte der Schäfer. „Wenn ich allerdings ein halbes dazu bekommen würde und die Anzahl dann verdoppeln könnte, hätte ich schon drei. Wenn ich wieder ein halbes dazugäbe und die Anzahl wiederum verdoppeln könnte, hätte ich schon wesentlich mehr. Wenn ich diesen Vorgang ein drittes, viertes, fünftes und sechstes Mal wiederhole, hätte ich schon mehr als hundert.“
Wie viele Schafe wären nach dem sechsten Mal in der Herde? Schätze zuerst!

Peters Schafe

8 Kannst du ein stumpfwinkliges Dreieck in zwei kleinere spitzwinklige Dreiecke zerlegen?

____

____

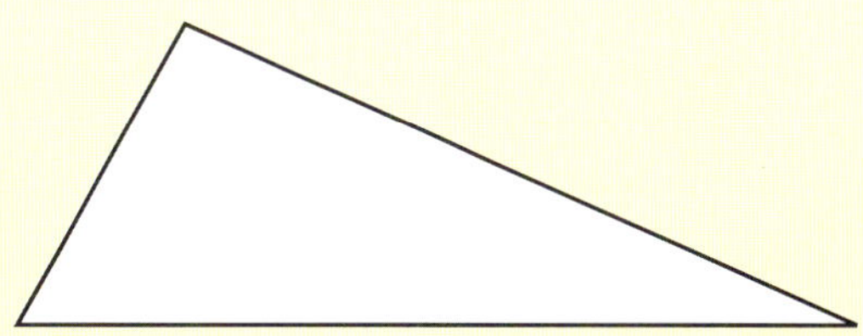

9 Finde aus den sechs Bildern das richtige Spiegelbild:

10 Welches Zeichen kann man zwischen die Ziffern 2 und 3 setzen, damit man eine Zahl erhält, die größer als 2, aber kleiner als 3 ist?

Tag 1: Teilbarkeit

1 11, 19, 5, 7, 17, 3 Primzahlen

2 teilbar durch 3 und 9: Quersumme bilden; teilbar durch 5: letzte Ziffer 5 oder 0
teilbar durch 10: letzte Ziffer Null; teilbar durch 6: durch 2 und 3 teilbar

3

Teiler	2	3	4	5	6	9	10	25
4 581	∤	|	∤	∤	∤	|	∤	∤
12 640	|	|	|	|	|	∤	|	∤
1 350 000	|	|	|	|	|	|	|	|

4

a)

35	5
7	7
1	

b)

80	2
40	2
20	2
10	2
5	5
1	

c)

32	2
16	2
8	2
4	2
2	2
1	

d)

210	2
105	3
35	5
7	7
1	

35 = 5 · 7
80 = 2 · 2 · 2 · 2 · 5
32 = 2 · 2 · 2 · 2 · 2
210 = 2 · 3 · 5 · 7

5 31 + 37 + 41 + 43 + 47 = 199

6 27, 36, 45, 54, 63, 72, 81, 90

7 404 und 514 sind nicht durch 3 und daher auch nicht durch 9 teilbar (Quersumme)
504 = 2 · 2 · 2 · 3 · 3 · 7

8 WELCOME

9 nach 48 Wochen:
1. Yacht nach 4, 8, 12, 16 usw. Wochen wieder im Hafen; 2. Yacht nach 8, 16, 24 usw. Wochen wieder im Hafen;
3. Yacht nach 12, 24, 36 usw. Wochen wieder im Hafen ...
Gesucht ist also das kleinste gemeinsame Vielfache von 4, 8, 12 und 16.

10 kgV (1, 2, 3, 4, 5, 6, 7, 8, 9, 10) = 2 520; 2; 3; 4 = 2 · 2; 5; 6 = 2 · 3; 7; 8 = 2 · 2 · 2; 9 = 3 · 3; 10 = 2 · 5
Hieroglyphen

Tag 2: Dezimalzahlen

1

Addition	Subtraktion	Multiplikation	Division
2,4 + 1,2 = 3,6	45 – 3,5 = 41,5	7,2 · 10 = 72	16,2 : 2 = 8,1

Subtrahend | Summand | Differenz | Minuend | Faktor | Dividend | Divisor | Produkt | Quotient | Summe

2 **a)** 65,8
11,4
b) 21,4
2,71
c) 46,1
26,25

3 **a)** 115,04 **b)** 2 236,87 **c)** 8,44

4 **a)**

•	0,1	0,4	0,7	0,01
3	0,3	1,2	2,1	0,03
10	1	4	7	0,1
5	0,5	2	3,5	0,05

b)

•	0,1	0,2	0,4	0,01
7	0,7	1,4	2,8	0,07
100	10	20	40	1
25	2,5	5	10	0,25

5 38,4 : 2 → 19,2 : 3 → 6,4 : 2 → 3,2 : 8 → 0,4

6 Leonie ist 1,63 m groß.

7 Benjamin wiegt 36,6 kg.

8

68
31,9 | 36,1
15,7 | 16,2 | 19,9
9,2 | 6,5 | 9,7 | 10,2
5,2 | 4 | 2,5 | 7,2 | 3

10 | 4 | 2,5 | 2 | 1,8
6 | 1,5 | 0,5 | 0,2
4,5 | 1 | 0,3
3,5 | 0,7
2,8

9 **a)** 873,48
ÜR 30 · 30 = 900
b) 6 375,936
ÜR 100 · 60 = 6 000
c) 6,5
ÜR 120 : 20 = 6
d) 58,3
ÜR 90 : 2 = 45

10 Das Doppelte von 26,9 ist größer. 26,9 · 2 = 53,8 und 161,1 : 3 = 53,7

Tag 3: Bruchzahlen 1

1

echter Bruch – Wert kleiner als 1	$\frac{3}{4}, \frac{4}{9}, \frac{3}{16}$
unechter Bruch – Wert größer oder gleich 1	$\frac{15}{4}, \frac{12}{5}, \frac{12}{6}$
gemischte Zahl – ganze Zahl plus echter Bruch	$1\frac{2}{5}, 3\frac{1}{4}, 7\frac{2}{10}$

2 **a)** $\frac{5}{6}$ **b)** $\frac{3}{4}$ **c)** $\frac{4}{6}$ **d)** $\frac{2}{3}$

3 **a)** $\frac{7}{8}$

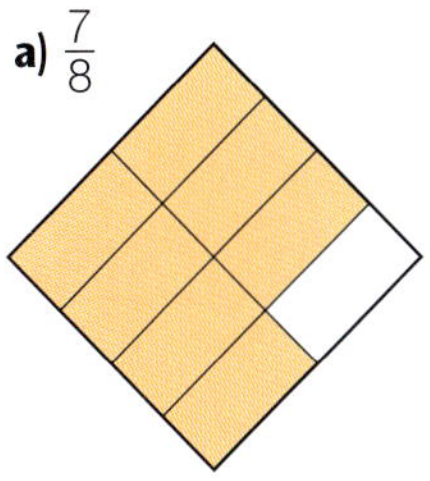

b) $\frac{1}{3}$

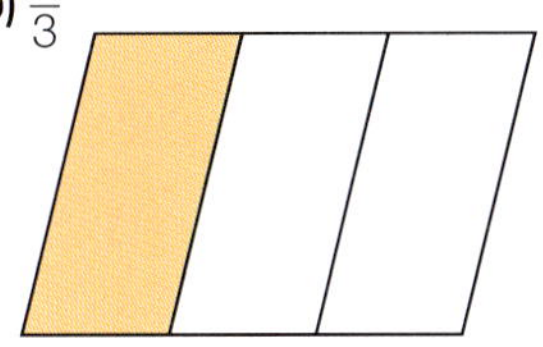

c) $\frac{1}{6}$

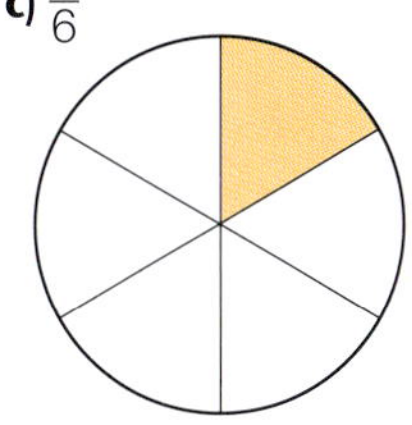

d) $\frac{7}{10}$

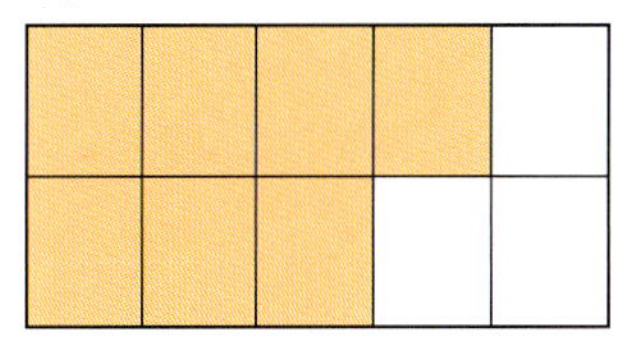

4 **a)** $\frac{15}{4}, \frac{7}{5}$
$\frac{24}{7}, \frac{72}{10}$
b) $\frac{22}{9}, \frac{17}{4}$
$\frac{12}{5}, \frac{33}{6}$

5 **a)** Wie viel hat er ausgegeben? A: 30 €
Wie viel hat er noch? A: 15 €
$45 \cdot \frac{2}{3} = \frac{45 \cdot 2}{3} = 15 \cdot 2 = 30$

b) Wie weit sind sie schon gefahren? A: 21 km
Wie weit müssen sie noch fahren? A: 6 km
$27 \cdot \frac{7}{9} = 3 \cdot 7 = 21$

6 **a)** $\frac{9}{15}, \frac{15}{30}$
$\frac{42}{30}, \frac{30}{50}$
b) $\frac{8}{24}, \frac{27}{15}$
$\frac{24}{48}, \frac{81}{90}$

7 **a)** $\frac{2}{5}, \frac{7}{10}, \frac{1}{2}$
$\frac{1}{3}, 3, \frac{5}{8}$
b) $\frac{5}{12}, \frac{5}{2}, \frac{25}{2}$
$\frac{1}{3}, \frac{2}{5}, \frac{1}{2}$

8 $\frac{7}{1\,000} = 0{,}007$; $\frac{700}{1\,000} = 0{,}7$; $1\frac{7}{1\,000} = 1{,}007$; $\frac{70}{1\,000} = 0{,}07$; $1\frac{70}{1\,000} = 1{,}07$

9 **a)** 0,07 **b)** 0,75 **c)** 0,04 **d)** 0,05

10 Wach ist Willi das erste Drittel der gesamten Strecke plus ein Viertel von der Hälfte der Strecke:
$\frac{1}{3} + \frac{1}{4} \cdot \frac{1}{2} = \frac{1}{3} + \frac{1}{8} = \frac{8}{24} + \frac{3}{24} = \frac{11}{24}$
Er schläft die restliche Zeit: $1 - \frac{11}{24} = \frac{24}{24} - \frac{11}{24} = \frac{13}{24}$

Tag 4: Gleichungen

1 $3x - 3 = 12$; $x = 15 : 3$; $x = 5$ … Äquivalenzumformungen … $3 \cdot 5 - 3 = 12$, $12 = 12$

2 **a)** $3 \cdot x = 63$, $x = 21$ **b)** $39 + a = 57$, $a = 18$ $a = 18$

3 **a)** $x = 57$; P: $57 + 32 = 89$ **b)** $y = 146$; P: $254 = 400 - 146$ **c)** $z = 72$; P: $72 : 6 = 12$

4 **a)** $9 - 5 + y = 10$, $y = 6$ **b)** $6 \cdot 5 : y = 15$, $y = 2$ **c)** $(5 + 16) : y = 7$, $y = 3$ **d)** $4 \cdot 5 + 3 \cdot y = 32$, $y = 4$

5 AEG; BDI; CFH

6 **a)** $x \cdot 7 = 56$, $x = 8$ **b)** $2 \cdot x + 14 = 46$, $x = 16$ **c)** $x - 42 = 37$, $x = 79$

7 23 Jahre, überlege zB: Wie groß war der Altersunterschied bei der Geburt? $8 + x = 31$

8 **a)** Restgeld: 1,60 €; $x = 10 - 2 \cdot 0{,}95 - 2{,}45 - 1{,}5 \cdot 2{,}7$
b) Sie kann mit 3 Attraktionen fahren; $15 - 2{,}2 - 1{,}8 - 2 - 1{,}5 = x \cdot 2{,}5$

9 $56 + 28 + 42 + x = 250$
Sie kann an jedem der 4 verbleibenden Tage 31 Fotos machen.

10 10 Pferde und 50 Hühner; zB. x Pferde, $5 \cdot x$ Hühner: $x + 5x = 60$; $x = 10$

Tag 5: Bruchzahlen 2

1 **a)** $\frac{59}{40}$; A **b)** $\frac{21}{40}$; D **c)** $\frac{4}{8} = \frac{1}{2}$; C **d)** $\frac{35}{24}$; B

2 **a)** $\frac{1}{3}$; 1 / $\frac{1}{2}$; $\frac{2}{3}$ **b)** $\frac{3}{8}$; $\frac{1}{2}$ / $\frac{1}{2}$; $\frac{1}{20}$

3 $103\frac{3}{4}$ kg sind noch übrig. Rechne zB $150 - 22\frac{1}{2} - 10\frac{1}{4} - 6 - 7\frac{1}{2} = 103\frac{3}{4}$

4 Lisa ist $14\frac{3}{4}$ Jahre alt. Rechne zB $18 - 3\frac{1}{4} = 14\frac{3}{4}$

5 **a)** $\frac{5}{7}$ **b)** $\frac{1}{3}$ **c)** $\frac{7}{9}$ **d)** $\frac{3}{10}$

6 $\frac{3}{4} \cdot 5 = \frac{15}{4}$ | $\frac{3}{2} \cdot 4 = 6$ | $\frac{5}{8} \cdot 6 = \frac{15}{4}$ | $\frac{3}{8} \cdot 3 = \frac{9}{8}$ | $2 \cdot \frac{9}{16} = \frac{9}{8}$ | $25 \cdot \frac{6}{25} = 6$

7 **a)** $\frac{4}{5} \cdot 2 = \frac{8}{5} = 1\frac{3}{5}$; $\frac{7}{15} \cdot 4 = \frac{28}{15} = 1\frac{13}{15}$ **b)** $\frac{3}{10} \cdot 5 = \frac{3}{2} = 1\frac{1}{2}$; $\frac{2}{11} \cdot 8 = \frac{16}{11} = 1\frac{5}{11}$ **c)** $\frac{3}{9} \cdot 6 = 2$; $\frac{12}{100} \cdot 8 = \frac{24}{25}$

8 **a)** $u = 5\frac{3}{5}$ **b)** $u = 5\frac{3}{5}$ **c)** $u = 7$ **d)** $u = 8\frac{2}{5}$

9
Obere Reihe: 3 → $:\frac{1}{6}$ → 18 → $:\frac{3}{5}$ → 30 → $:\frac{5}{2}$ → 12
Nach unten: 3 $:\frac{1}{4}$ → 12; 18 $:\frac{3}{9}$ → 54; 30 $:\frac{3}{9}$ → 90; 12 $:\frac{4}{5}$ → 15
Untere Reihe: 12 → $:\frac{2}{9}$ → 54 → $:\frac{3}{5}$ → 90 → $:6$ → 15

10 $\frac{4392}{17568} = \frac{1}{4}$

Rätselspaß 1

1 12 Möglichkeiten, zB 50 = 20 + 20 + 10 = 20 + 20 + 5 + 5 = 20 + 10 + 10 + 10 = ...

2 10 999 = 1 000 + 9 999

3 KLEID: Achte darauf, an welcher Stelle „e“ vorkommt.

4 **a)**

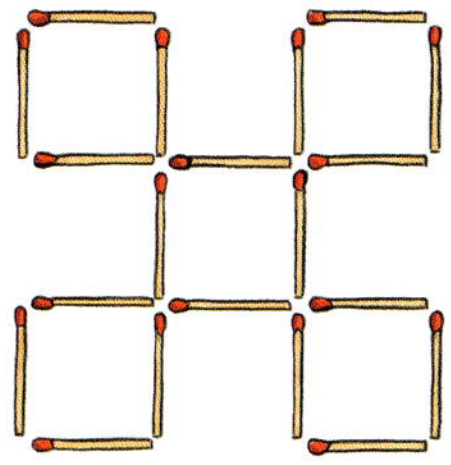

b)

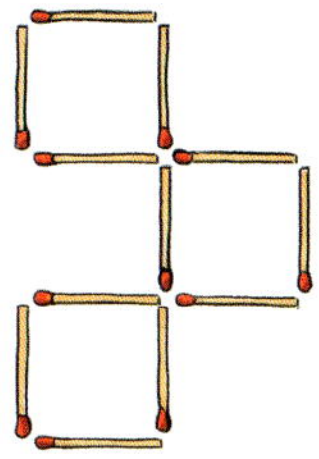

5 unterster Weg

6 Gegenüberliegende Punkte ergänzen einander auf 7: Sichtbar sind pro Würfel im Turm 2 · 7 = 14 Punkte und oben 7 – 4 = 3, daher insgesamt 10 · 14 + 3 = 143 Punkte

7

3	5	6	9	4	8	2	7	1
4	2	9	7	3	1	6	8	5
8	1	7	6	5	2	3	4	9
5	4	8	2	9	3	7	1	6
9	7	2	8	1	6	5	3	4
6	3	1	4	7	5	9	2	8
2	6	3	5	8	4	1	9	7
1	9	4	3	6	7	8	5	2
7	8	5	1	2	9	4	6	3

8 Ein Tipp: F kann nur 1, 2, 3 oder 4 sein
zB 1 521 + 1 521 = 3 042 Es gibt genau 6 Lösungen.

9 zB 3, 4, 5, 11, 6, 7, 12, 8, 13, 14, 10, 1

10

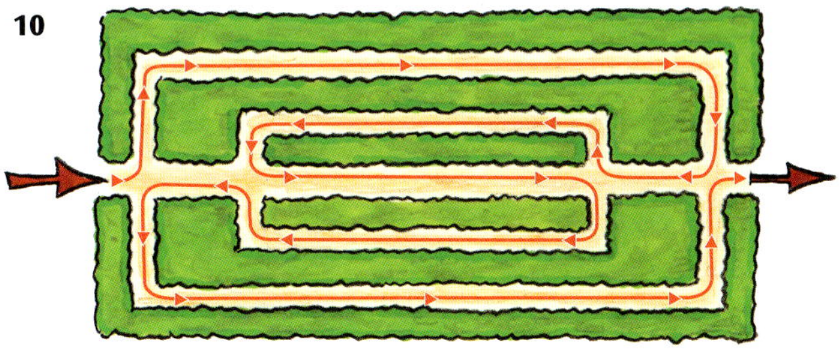

Tag 6: Dreiecke

1 **a)**

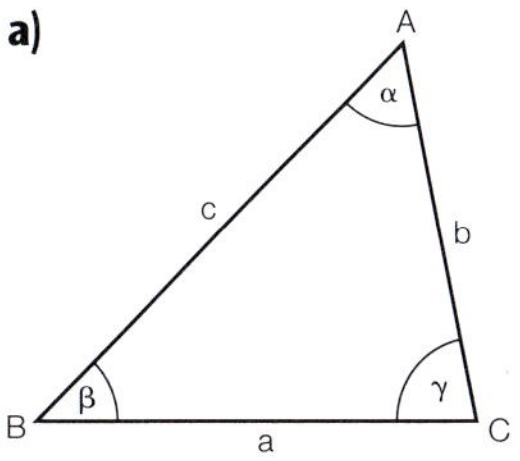

spitzwinkliges Dreieck

b)

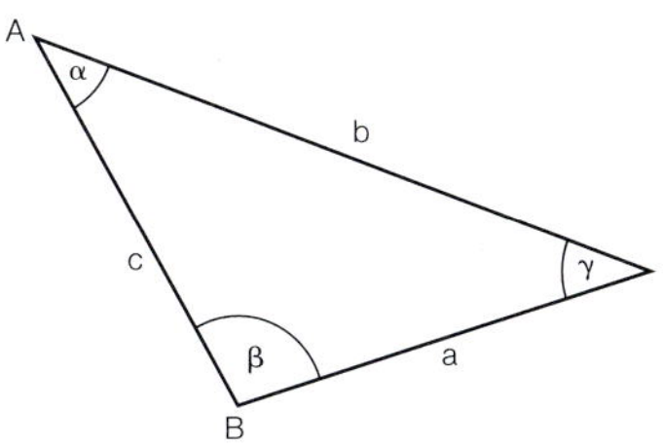

stumpfwinkliges Dreieck

c)

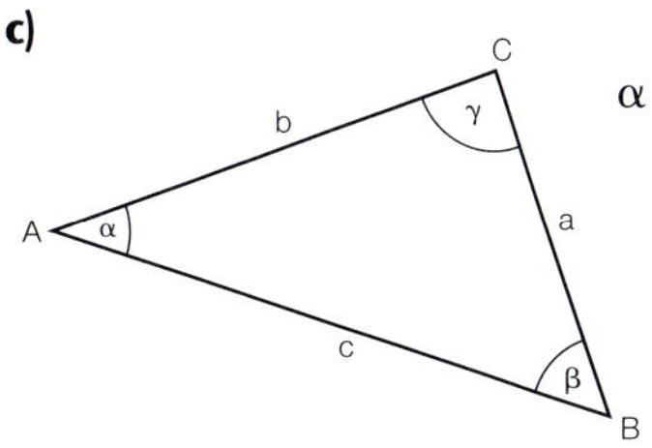

rechtwinkliges Dreieck

$\alpha + \beta + \gamma = 180°$

2 **a)**

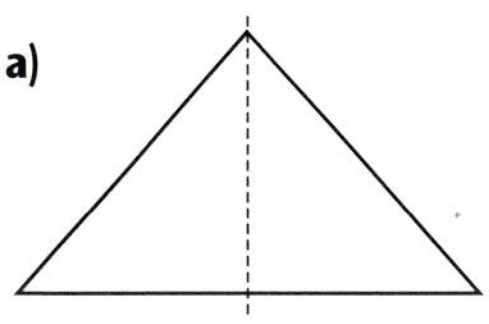

b) Es gibt keine Symmetrieachse!

c)

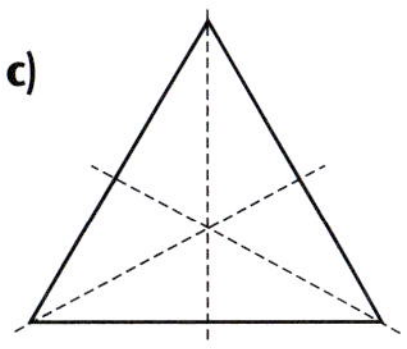

a) gleichschenkliges Dreieck
b) ungleichseitiges Dreieck
c) gleichseitiges Dreieck

3 **a)**

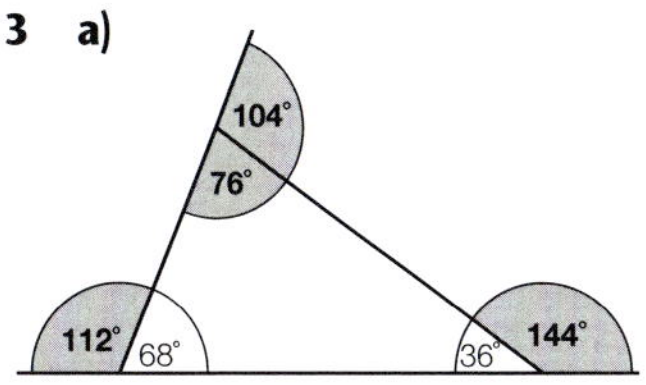

b)

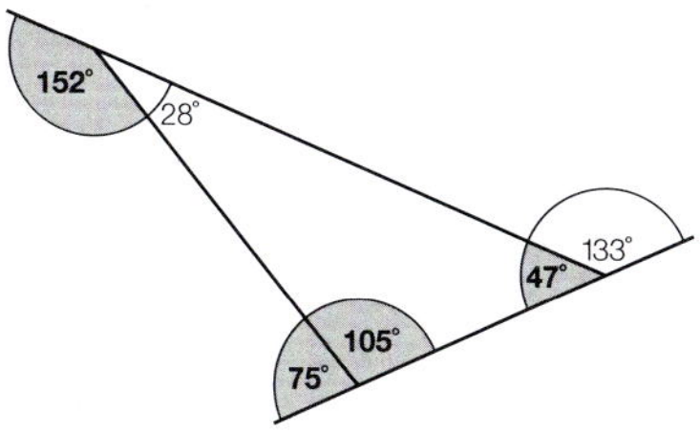

c)

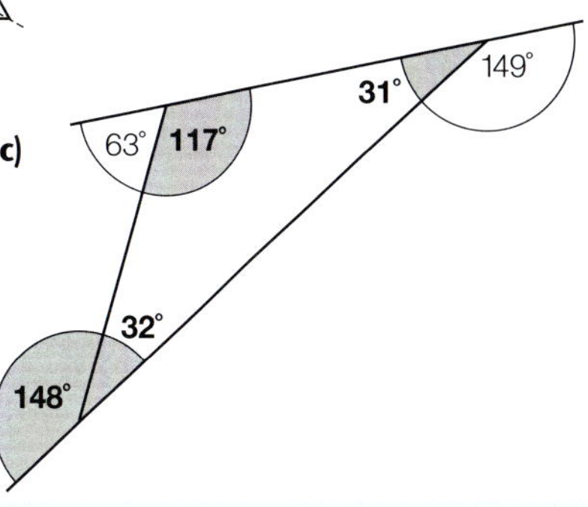

4 **a)** **b)**

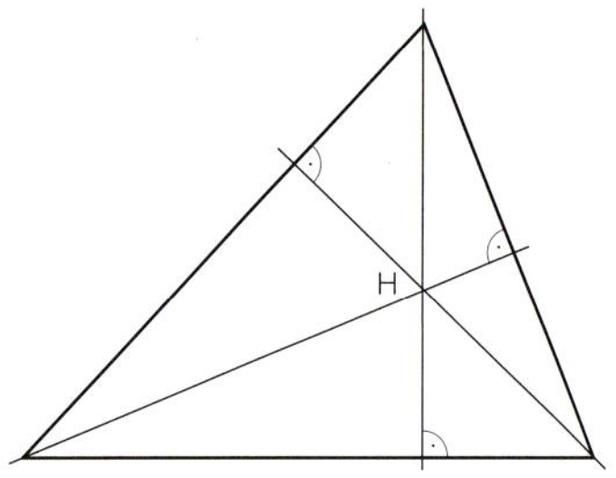

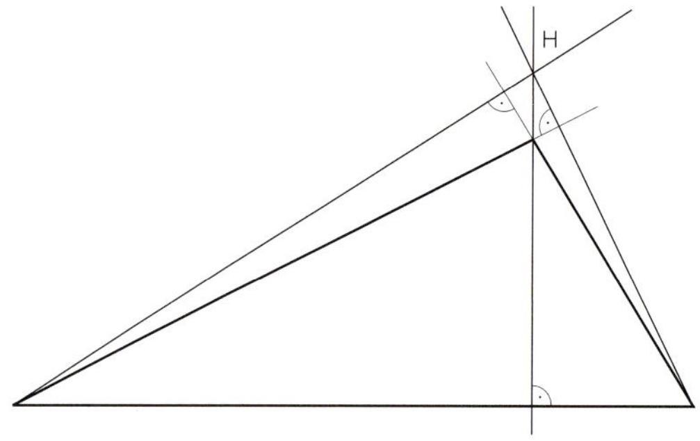

5 **a)** $A = \frac{a \cdot b}{2} = 180\ \text{cm}^2$ **b)** $A = \frac{a \cdot b}{2} = \frac{28 \cdot 21}{2} = 14 \cdot 21 = 294\ \text{cm}^2$

6 $A = A_{\text{Rechteck}} + A_{\text{Dreieck}} = 12 \cdot 9 + \frac{(18 - 12) \cdot 9}{2} = 135\ \text{cm}^2$

7 $A = A_{\text{Rechteck}} - A_{\text{Dreieck}} = 53 \cdot 37 - \frac{26 \cdot 19}{2} = 1\,714\ \text{m}^2$

8 Beginne mit einer Seite, zeichne γ und dann die zweite Seite. Kontrolllänge: c = 40 mm

9 Beginne mit der Seite c und zeichne β von B aus. Schlage vom Eckpunkt A die Seite b auf dem Winkelschenkel ab. Kontrolllänge: a = 36 mm

10 Zeichne $\overline{AB} \triangleq 5{,}3$ cm und die Winkel α und β. $\overline{AC} \triangleq 6$ cm; $\overline{AC} = 120$ m

Tag 7: Proportionalitäten

1 **a)** G = 85 530; p = 12 %; W = ?
b) G = ?; p = 15 %; W = 352,50 €
c) G = 1 860 €; p = ?; W = 372 €

2 **a)** d, d **b)** i, d

3 **a)** W = 10 263,60 € **b)** G = 2 350 € **c)** p = 20 %

4 **a)** 338,30 €; rechne zB $\frac{398}{100} \cdot 0{,}85$ oder $398 - \frac{398}{100} \cdot 15$ **b)** 489,30 € **c)** 21,96 €

5 um 285,7 %; $G_1 = 1240$ €; $G_2 = \frac{1240}{100} \cdot 35 = 434$ €; $G_3 = \frac{G_2 \cdot p_2}{100} = G_1$; $p_2 = \frac{100 \cdot 1240}{434}$

6

Tage	Menge (t)
3	15 699
1	15 699 : 3
365	x

x = 15 699 : 3 · 365 = 1 910 045 t

7

Tanks	Öl (l)
5	287 085
2	x

direkte Proportionalität; x = 287 085 : 5 · 2 = 114 834 m³

8 744 €; rechne zB (0,15 – 0,12) · 24 800

9 A 8.00 — 24 km, 2 h — 10.30 — 78 km – 24 km = 54 km, 4,5 h — B **a)** um 14.30 Uhr **b)** um 13.00 Uhr

10 Lauter Tageskarten: 240 €; lauter 3-Tages-Pässe: 230 €; 4 3-Tages-Pässe und 2 Tageskarten (für Felix) 206 €; Ersparnis 34 €, ca. 14 %.

Tag 8: Statistische Aufgaben

1

Strichliste	Absolute Häufigkeit	Relative Häufigkeit
𝍸 |	6	$\frac{6}{25}$

Um den Mittelwert einer Datenmenge zu erhalten, **addiert man** alle Werte und **dividiert durch** die Anzahl der Werte.

Balkendiagramm

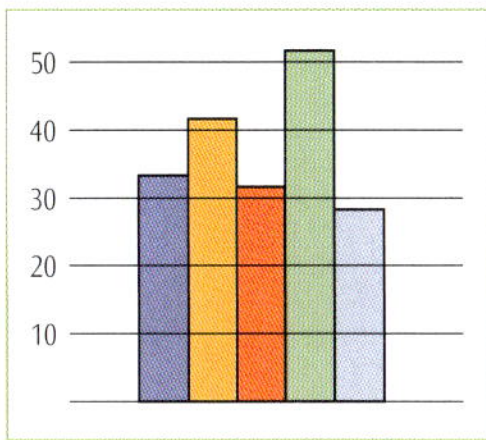

absolute Häufigkeit

Liniendiagramm

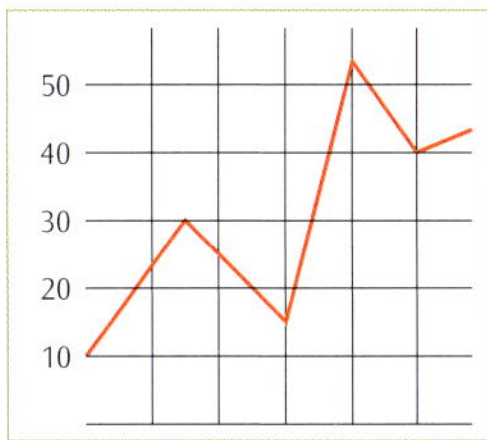

Veränderung

Kreisdiagramm

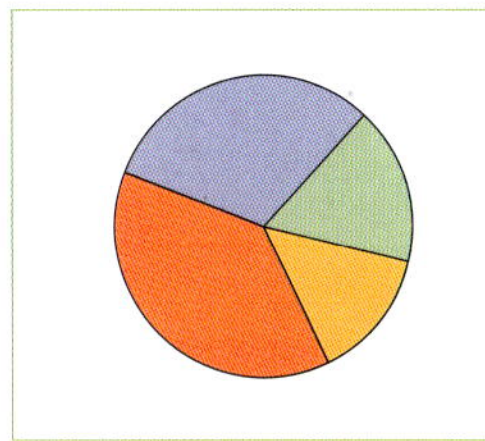

relative Häufigkeit

2 m ≈ 141,2 cm; m = (145 + 160 + 143 + 133 + 124 + 142) : 6 = 847 : 6

3

Note	Strichliste	absolute H.	relative H.
1	𝍸 𝍸 ||||	14	$\frac{14}{38}$
2	𝍸 𝍸	10	$\frac{10}{38}$
3	𝍸 |||	8	$\frac{8}{38}$
4	||||	4	$\frac{4}{38}$
5	||	2	$\frac{2}{38}$

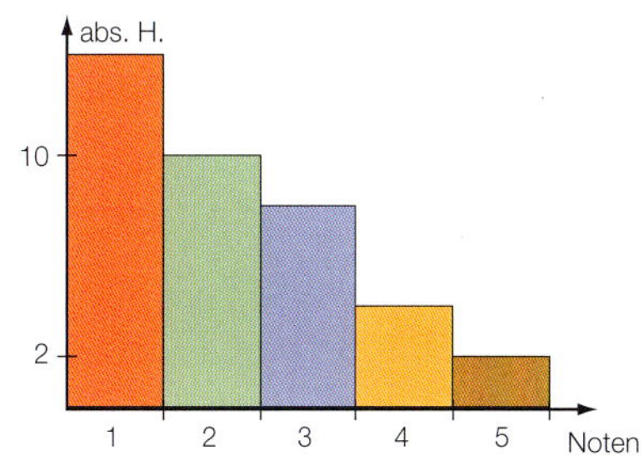

4 **a)** 40,7 ° C **b)** 39,6 °C **c)** 4,3 °C **d)** am 3. und am 5. Tag

5

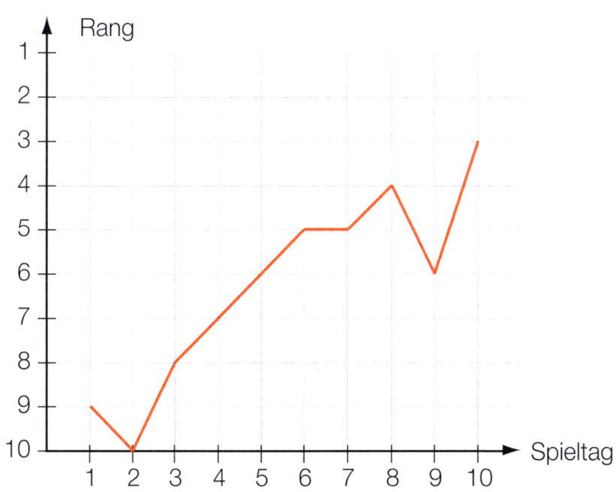

6

Tätigkeit	Stunden	Prozentsatz von 24 h
Schlafen	10,5 h	43,75 %
Essen	1,5 h	6,25 %
Schule etc.	7 h	29,17 %
Spielen etc.	2,5 h	10,42 %
Sonstiges	2,5 h	10,42 %

7

Sportart	SchülerInnen
Volleyball	4
Fußball	11
Handball	3
Faustball	1
Basketball	6

zB Volleyball: $W = \frac{p \cdot G}{100} = \frac{16 \cdot 25}{100} = 4$

8 m_{Gregor} = 12,03 s; $m_{Christian}$ = 11,99 s. Christian hat daher die bessere Durchschnittleistung.

9 In Grafik 1 von 18 auf ca. 52; in Grafik 2 von 18 auf ca. 48; in Grafik 1 größere Preissteigerung

10 Die dritte Zahl lautet 67; $\frac{15 + 23 + x}{3} = 35$; x = 67

Tag 9: Vierecke

1

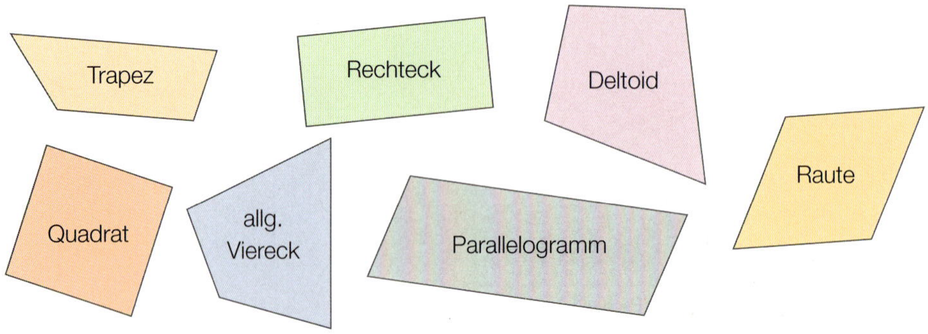

2 **a)** **b)** **c)**

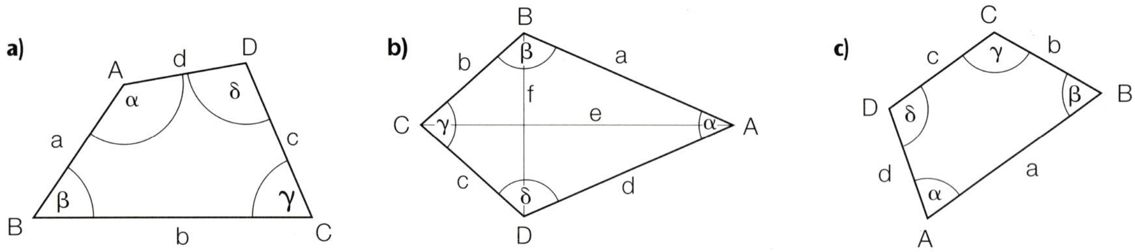

allgemeines Viereck — Deltoid — Trapez

3 **a)** $\alpha = \gamma = 56°$, $\beta = \delta = 124°$ **b)** $\beta = \delta = 61°$, $\gamma = 128°$
c) $\alpha = \beta = 72°$, $\gamma = \delta = 108°$ **d)** $\beta = \delta = 114°$

4 Beginne mit Seite a und zeichne an den Endpunkten α und β ein. Trage die Längen b und d ab und verbinde. Kontrolllänge: c = 62 mm

5 Beginne mit Seite a und zeichne in A α ein. Trage b ab und verschiebe a parallel.
Kontrolllängen: e = 76 mm, f = 52 mm

6 Parallelogramm. Die Seiten sind halb so lang wie beim ursprünglichen Parallelogramm.

7 Beginne mit Seite a und zeichne in A α ein. Trage b ab und verschiebe a parallel.
Kontrolllängen: e = 51 mm, f = 61 mm

8 Beginne mit dem Diagonalenkreuz e und f, wobei e im rechten Winkel auf f steht und f halbiert. Schlage von einem Endpunkt von f aus (B,D) die Seite a auf einer Seite von e ab: Du erhältst einen weiteren Eckpunkt des Deltoids. Trage von diesem aus die Länge von e ab und du erhältst den vierten Eckpunkt. Kontrolllänge: b = 32 mm

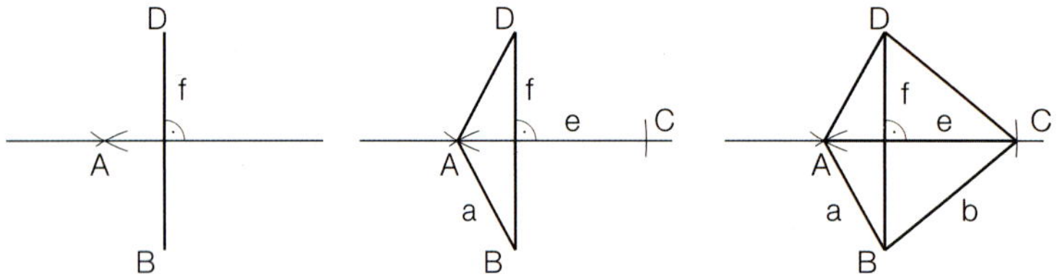

9 **a)** Rechteck **b)** Raute **c)** gleichschenkliges Trapez **d)** Quadrat

10 **a)** C (4/3,5) **b)** 38

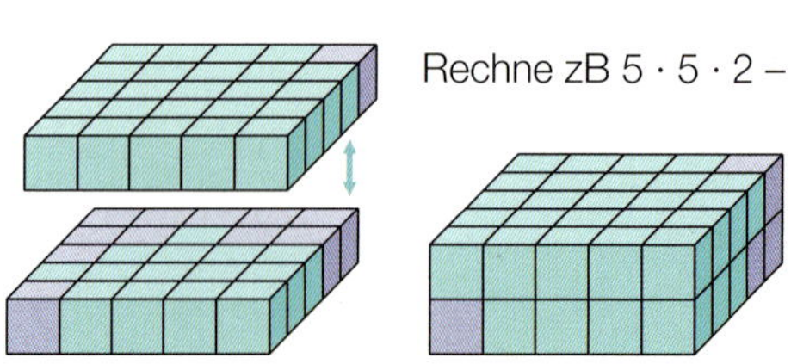

Rechne zB 5 · 5 · 2 – 12

Bernadette atmete einmal tief durch und widmete sich dann der noch zu erledigenden Korrespondenz. Gleich morgen früh würde sie mit dem Zug nach Berlin fahren und den Tag mit Constantin verbringen, bevor zwei Tage später dessen Prozess begann.

Und am Mittwoch war sie mit Götz verabredet. Sie wusste noch nicht recht, ob sie sich darauf freuen sollte. Es sollte bei dem Treffen um Margrit und deren Verbleib gehen, da Götz in den letzten Wochen umfangreiche Ermittlungen über diese angestellt hatte und nun nach seiner letzten Mitteilung offenbar eine erste Spur hatte. Doch gewiss würde es auch um sie beide gehen, war doch zwischen ihnen längst nicht alles ausgesprochen, was zu besprechen war. Zum jetzigen Zeitpunkt hätte Bernadette nicht sagen können, was sie für Götz empfand. Aber etwas in ihr drängte, es herauszufinden, und wenn es auch nur dazu gut war, um einen endgültigen Schlussstrich zu ziehen.

Liebe Leserinnen und Leser,

ihr liebt Bücher und verbringt eure Freizeit am liebsten zwischen den Seiten? Wir auch! Wir zeigen euch unsere liebsten Neuerscheinungen, führen euch hinter die Verlagskulissen und geben euch ganz besondere Einblicke bei unseren AutorInnen zu Hause. Lasst euch inspirieren, wir freuen uns auf euch.

Euer

Blanvalet Verlag

blanvalet.de

@blanvalet.verlag

/blanvalet